中世纪前期的东西方科学

刘树勇 编著

广西出版传媒集团 | 广西科学技术出版社

图书在版编目（CIP）数据

中世纪前期的东西方科学 / 刘树勇编著. —南宁：广西科学技术出版社，2012.6（2020.6 重印）
（世界科学史漫话丛书）
ISBN 978-7-80619-624-3

Ⅰ. ①中… Ⅱ. ①刘… Ⅲ. ①自然科学史—世界—中世纪—少年读物 Ⅳ. ① N091

中国版本图书馆 CIP 数据核字（2012）第 138042 号

世界科学史漫话丛书
中世纪前期的东西方科学
ZHONGSHIJI QIANQI DE DONGXIFANG KEXUE
刘树勇　编著

责任编辑　何杏华　　**封面设计**　叁壹明道
责任校对　谢燕清　　**责任印制**　韦文印

出 版 人　卢培钊
出版发行　广西科学技术出版社
（南宁市东葛路 66 号　邮政编码 530023）
印　　刷　永清县晔盛亚胶印有限公司
（永清县工业区大良村西部　邮政编码 065600）
开　　本　700mm × 950mm　1/16
印　　张　11
字　　数　142 千字
版次印次　2020年6月第 1 版第 4 次
书　　号　ISBN 978-7-80619-624-3
定　　价　21.80 元

少年科学文库

《世界科学史漫话丛书》

策　划：覃　春　于　宁
主　编：徐克明　申先甲

致二十一世纪的主人

（代　序）

钱三强

时代的航船已进入21世纪，世纪之交，对我们中华民族的前途命运，是个关键的历史时期。现在10岁左右的少年儿童，到那时就是驾驭航船的主人，他们肩负着特殊的历史使命。为此，我们现在的成年人都应多为他们着想，为把他们造就成21世纪的优秀人才多尽一份心，多出一份力。人才成长，除了主观因素外，在客观上也需要各种物质的和精神的条件，其中，能否源源不断地为他们提供优质图书，对于少年儿童，在某种意义上说，是一个关键性条件。经验告诉人们，往往一本好书可以造就一个人，而一本坏书则可以毁掉一个人。我几乎天天盼着出版界利用社会主义的出版阵地，为我们21世纪的主人多出好书。广西科学技术出版社在这方面做出了令人欣喜的贡献。他们特邀我国科普创作界的一批著名科普作家，编辑出版了大型系列化自然科学普及读物——《少年科学文库》。《文库》分“科学知识”、“科技发展史”和“科学文艺”三大类，约计100种。《文库》除反映基础学科的知识外，还深入浅出地全面介绍当今世界最新的科学技术成就，充分体现了90年代科技发展的前沿水平。现在科普读物已有不少，而《文库》这批读物的特有魅力，主要表现在观点新、题材新、角度新和手法新，内容丰富、覆盖面广、插图精美、形式活泼、语言流畅、通俗易懂，富于科学性、可读性、趣味性。因此，说《文库》是开启科技知识宝库的钥匙，缔造21世纪人才的摇篮，并不夸张。《文库》将成为中国少年朋友增长知识，发展智慧，促进成才的亲密朋友。

亲爱的少年朋友们，当你们走上工作岗位的时候，呈现在你们面前的将是一个繁花似锦的、具有高度文明的时代，也是科学技术高度发达的崭新时代。现代科学技术发展速度之快、规模之大、对人类社会的生产和生活产生影响之深，都是过去无法比拟的。我们的少年朋友，要想胜任驾驭时代航船，就必须从现在起努力学习科学，增长知识，扩大眼界，认识社会和自然发展的客观规律，为建设有中国特色的社会主义而艰苦奋斗。

我真诚地相信，在这方面，《少年科学文库》将会对你们提供十分有益的帮助，同时我衷心地希望，你们一定为当好21世纪的主人，知难而进，锲而不舍，从书本、从实践吸取现代科学知识的营养，使自己的视野更开阔，思想更活跃，思路更敏捷，更加聪明能干，将来成长为杰出的人才和科学巨匠，为中华民族的科学技术实现划时代的崛起，为中国迈入世界科技先进强国之林而奋斗。

亲爱的少年朋友，祝愿你们奔向21世纪的航程充满闪光的成功之标。

主编的话

《世界科学史漫话》丛书（共10册），是《少年科学文库》的一个重要组成部分，是我们十几位作者怀着美好的祝愿和真切的期望献给迈向21世纪的广大青少年朋友的一份礼物。

当前的时代，是科学技术飞速发展、新科技革命蓬勃兴起的时代。作为未来社会的建设者和主人，应该为着社会的进步和人类的幸福，把自己培养成掌握丰富科学文化知识的创造型人才。

“才以学为本”，“学而为智者，不学而为愚者”。要用人类创造的优秀科学文化成果把自己武装起来。科学史知识是这种创造型人才优化的知识结构中不可或缺的一个组分。任何科学知识的发现和技术成果的发明，都有一个酝酿、产生和发展的过程，这其中不但渗透着科学家们追求真理、献身科学、顽强拼搏、百折不挠、尊重事实、严谨治学的科学精神，而且包含着他们勇于探索、敢于创新、善于创造性地运用类比、模型、猜测、推理和想像等找到突破口的正确思路和科学方法。科学史就是通过这些生动具体、有血有肉的科学探索的史实，告诉人们科学是如何产生、如何发展的，那些名垂青史的科学大师们是如何成长、如何成功的。使读者从中受到感人至深、催人奋进的科学精神的激励，并从科学家们的成功与失败、经验与教训中学习科学方法，培养科学思维，领悟到一点科学创造的“天机”，获得超出课堂知识学习的有益启示。英国哲学家F. 培根说：“学史使人明智。”我国近代思想家梁启超也说，学史可以"益人神智"。

所以，对于有志于献身科学技术事业的青少年来说，应该知道毕达哥拉斯、亚里士多德、欧几里得、阿基米德；应该知道墨翟、扁鹊、张衡、李时珍；应该知道牛顿、道尔顿、达尔文、爱因斯坦、居里夫人；应该知道钱三强、丁肇中、李政道、杨振宁；应该知道相对论的提出，核裂变的发现，遗传密码的破译，大爆炸宇宙模型的创立；还应该知道近代以来几次科技革命的兴起和巨大社会意义。

在人类五千年的科技发展中，科学的发现和技术的发明比比皆是、不胜枚举，科学史的园地里真是五彩缤纷、气象万千，我们不可能对这个历史过程作全景式的描述。这套丛书就像一个科学史"导游图"，只是从各个历史时期的科技发展中，选择一些有代表性的典型事件，作为一个个"景点"，引导读者沿着历史的足迹，领略一下用人类智慧构筑成的科学大厦奇伟瑰丽的景观。

愿这套丛书能够帮助青少年朋友增长知识，发展智慧，"站在巨人的肩上"迅速成才！

徐克明　申先甲

目 录

开　　篇

中国南北朝到五代十国期间，约相当于欧洲中世纪时代前期。在这一期间，西方科学进入漫漫长夜；而东方，特别是中国的科学却是另一番景象。尽管当时的中国与欧洲一样处在封建社会，但在科学技术上却有相当的发展。

公元420年，东晋王朝灭亡了。此后约170年间，在原东晋统治地区相继出现了4个封建王朝：宋、齐、梁、陈。这些王朝史称“南朝”。在同一时期，鲜卑族拓跋氏统一了北方，建立了北魏王朝，结束了十六国纷争的局面。北魏存在近100年后，分裂为东魏和西魏，后来又分别为北齐和北周所取代。这些王朝史称“北朝”。而南朝与北朝并存对峙时期，史称“南北朝”(420年～589年)。

南北朝时期，天下很不太平，不过科学技术仍然在前进。北魏政权对发展农业很重视，当时的一位太守贾思勰认真地总结了农业生产经验，写出了不朽名著《齐民要术》；南朝天才数学家祖冲之，利用刘徽的割圆术，算出的圆周率竟在小数点后七位之多，这个纪录在世界上保持了千年之久；北魏的地理学家郦道元，经过长期的考察和研究，写出了名著《〈水经〉注》；北齐天文学家张子信坚持了长达30余年的观测，发现太阳和五星视运动①的不均匀性。

北周政权落入隋文帝杨坚手中之后，新王朝进行了一系列改革，例如，制定隋律、进行均田、实行科举等，国家昌盛，百姓安乐。可是好景不长，接着就是弑父篡位的隋炀帝，使隋朝堕入大乱，很快灭亡。

隋朝虽然历史短暂，但是它在科学技术上却有不少建树而名垂青史。巢元方主持撰写医书、大运河的开凿、宇文恺主持设计大兴城和洛阳城、以及李春设计赵州桥等。

---

① 视运动：反映天体运动的一种表面现象。如：太阳的视运动是太阳每年巡天周的运动，它反映地球绕太阳公转的一种表面现象。

唐朝的建立，不仅开拓了空前的疆域，具有强大的国力，而且一度成为亚洲最重要的政治和贸易中心。唐人欢迎外来科技的输入，中国的科技成果也传到阿拉伯、印度、朝鲜和日本等国家，并通过阿拉伯传入欧洲。

比起前朝来说，唐代的建筑和制瓷技术有很大发展，种茶技术和造纸技术也达到了新的高度，雕版印刷术和火药的发明，更对世界作出了重大贡献。政府对医学和数学的教育很重视，影响波及朝鲜和日本。

在中国南北朝到五代十国期间，西方正处于中世纪时代的前期，农工商衰落，科学进入黑暗时期。这时，拜占庭帝国占有重要地位，它的首都君士坦丁堡成为闻名于世的商业中心，是保存和发展欧洲古典文化的中心，也是东西方交流和融合的中心。它带有古希腊和古罗马文化以及东方文化的印记。

在欧洲，这时日耳曼人摧毁了西罗马的统治，并建立了西欧最强大的国家。在查理大帝的统治时期，他提倡文化教育，聘请著名学者开办学校。查理帝国不仅奠定了欧洲近代国家的疆域，而且形成了中世纪西欧的经济制度和宗教传统。

这一时期的阿拉伯帝国横跨欧亚非三大洲。伊斯兰教的发展，使它形成了特有的文化，并影响世界。阿拉伯人接触到古希腊文化、波斯文化和印度文化，使这些文化同阿拉伯固有的文化融合起来，形成了阿拉伯伊斯兰文化，它在数学、天文学和医学方面的成就最为显著。同时，阿拉伯人还将东方文化传入西方，为东西方文化交流发挥了积极的作用。中国的造纸术、指南针、火药等技术，印度的数码，都是经阿拉伯人传入西方的。阿拉伯人还整理和保存了古希腊和古罗马文化，对西方的文艺复兴和资本主义的发展起了重要的作用。

农桑篇

科技兴农的先导——贾思勰

在北魏后期，有一位著名的农学家名叫贾思勰（xié）。他是山东益都人，做过高阳郡（今山东临淄红门县西北）的太守。

贾思勰与一般的官吏不同。他很同情人民的疾苦，不追求功名利禄，经常深入到百姓中间了解情况，爱同土坷垃（kēlā）打交道，这是比较难得的。

贾思勰深知，要想国家强大，百姓富足，就要发展农业生产。他主张“力能胜贫”，他很喜欢《管子》中的几句话：“一农不耕，民有饥者；一女不织，民有寒者。”他还说，汉代的赵过推广牛耕，功德在圣人神农氏的人力耕作之上；汉代的蔡伦发明了造纸术，这比仓颉把字写在木板上的方法要高明得多。要注重科学技术的发展，不应囿（yòu）于“圣人们”的框框。

贾思勰博学多才，十分重视观察和分析。他不仅仔细搜集传说和民谚，而且不耻下问，虚心向有实际经验的老农请教。他花了10多年的时间走访民间，几乎走遍了北魏管辖的区域；他还注意到少数民族在畜牧方面的特长，丰富了中国农学和畜牧学的宝库。

由于贾思勰虚心好学，许多农民都愿意同他结交，他们热情地把一些生产经验告诉他。有一次，他走到一个地区，发现这里饲养的幼猪骨细肉厚。他询问当地的农户，他们告诉他，这是由于阉割的缘故，并叙述了他们独特的阉割方法：这就是在阉割之前10天，先把小猪的尾巴尖

贾思勰田间访老农

掐（qiā）掉，否则阉割之后，小猪容易患破伤风。这些经验不但使贾思勰十分惊讶，而且大开了眼界，大长了见识。

为了全心研究农业科学，贾思勰辞去了官职，放弃了升官发财之路。为了验证从各种渠道获得的经验，他自己开辟了一块试验田，通过试验来定下结论。他曾选择了三块地来作比较实验。第一块地种过绿豆，他于二月上旬播种谷子；第二块地种过胡麻，他于三月上旬种谷子；第三块地种过蔓菁（màn jīng），在四月上旬种谷子。在平整土地、施用肥料、浇水、锄草等管理措施上，三块地采用同样的步骤。秋天收获之后，对这三块地进行了比较，他得到这样的结论：二月上旬是上时，三月上旬是中时，四月上旬是下时。这就是说，最理想的播种期是二月上旬。同时，前茬（chá）作物的影响，绿豆最好，胡麻次之，蔓菁最差。他具体确定下合适的耕种时间的作物有大麦、小麦、麻、胡麻、瓜、大豆、小豆、旱稻、稷（jì）、黍（shǔ）等。他还说，在具体确定耕种时间时，还要参考一定的气温变化和物候，这样做才能更为准确。

贾思勰在农学研究上的贡献，主要来源于他善于调查研究，虚心地向他人请教，并通过试验来验证文献上和人们口头上流传的各种经验，并从理论上加以总结。对他在农学研究上的成就，我们应当加以发扬光大，为现代化农业的发展出力。

农学名著《齐民要术》

《齐民要术》是北魏农学家贾思勰的一部重要的农业科学著作。它的写作年代大约在北魏末东魏初的6世纪，距今约1400年了。全书共92篇，分为10卷，正文部分7万多字，自作注释约4万字，共计11万多字。它记录了黄河中下游地区的农业技术。这部书是世界上保存下来的农业著作中最早、最完整的一部，它在世界农业科学史上具有重要地位。

《齐民要术》一书的涉及面很广，包括农业、畜牧业和加工业等部门，记述了谷类作物、纤维作物、油料作物、染料作物、香料作物、饲料作物、绿肥作物的种植，水生植物和瓜菜、果木的栽培，以及家禽、家畜、蚕、鱼的养殖，甚至涉及果菜和畜产品的加工、日用品和化妆品的制作等等。

在农作制度上，书中提出了谷类和豆类互为前作的合理轮作制度。这也是我国广大农村地区较为普遍的措施。西方最早实现这种轮作制度的是英国，比我国要晚1200多年。《齐民要术》还注意到绿肥的作用，并提出了绿肥轮作制以及间作套种的作业方法和几种组合规则。

由于北方的降水量较小，保墒（shāng）防旱措施是极为必要的。书中提出了“墒种法”和“耩（jiǎng）种法”。这些方法的共同点是不耕而种，不因翻土而失水，类似于今天农业技术中的免耕法。

《齐民要术》对选种育种问题很重视。书中记载到的粮食品种，仅仅粟类品种就达到86个，水稻品种24个。

北魏时期是少数民族鲜卑族统治，许多少数民族都把他们的生产经验带到中原与汉族群众相互交流，这也反映在《齐民要术》中。书中涉及到鲜卑人和高车人的畜牧和食品加工方面的知识，例如用乳类原料加工制作酥酪（sū lào），甚至还涉及少数民族利用羊毛制成毡毯的制作技术。

《齐民要术》对前代著作中有关农学知识也广加搜求和引证，它引用的书有150多种。例如，成书于西汉时期的《氾（sì）胜之书》、成书于东汉时期的《四民月令》，它们都已失传，幸亏有《齐民要术》的引文保存了部分内容，使我们得知《氾胜之书》和《四民月令》的梗（gěng）概。

贾思勰非常重视民谚中一些合理的农作经验，并加以广泛搜集和记录。例如，“耕而不劳，不如作暴”（耕了地面但不加平整，那就如同瞎胡闹）；“锄头三寸泽”（锄头上带有三寸深的水，意思是要勤锄勤作，这样才有利于保墒）；“湿耕泽锄，不如归去”（土地太湿就翻耕，会使土地板结变硬，还是不翻的好）；“穄（jì，糜子）青喉、黍折头”（糜子要在穗与秆相接处尚未变黄时就应当收割了；而黍子则要等它完全成熟，就是穗弯下头时才收割）。

《齐民要术》一书不仅对当时的农业科技进步起过推动作用，而且对后代的农业也有重要的影响。北宋真宗天禧四年（1020年），政府就曾组织刻印了该书，发给各地的“劝农使”。各地的农民群众也争相传抄，汲取它的有益经验。后代农学家在编写农书时也极为重视《齐民要术》中的技术知识，例如元代的《农桑辑要》和王祯的《农书》，明代徐光启的《农政全书》和清代的《授时通考》都汲取了《齐民要术》的精华。

几世作茶仙

当今世界，茶与咖啡、可可并列为三大饮料，其中饮茶人数最多。我国是茶的发源地，茶树的栽培，茶叶的加工和茶水的饮用都对世界产生了重要的影响。相传，茶叶的药用历史可以追溯到新石器时代晚期的神农氏时代。据《神农本草经》的记载，神农为了弄清楚各种草药的疗效，曾经“尝百草，日遇七十二毒，得荼（tú）而解之”。其中的“荼”就是茶，这两个字在古代是相互通用的。然而，据较可靠的记载，在西周初年，茶树已开始人工栽培。最初，种茶流行于西南地区，后来向北越过秦岭、向东到达长江中下游地区。到了唐代，茶叶生产已具有相当的规模，产茶区域已有 50 多个州郡（相当于现在的 15 个省区）。其中湖北宜昌、远安，河南光山，浙江长兴、余姚，四川彭山等县产茶最佳。江南的许多地方以产茶为主，因而产量也是很可观的。据史书记载，唐德宗的贞元年间（785 年～804 年），每年仅茶叶一项税收就达 40 万缗[①]以上。五代时期，江南茶叶生产仍然兴盛，南方常把茶叶运到中原销售，它的年利润可在百万之上，成为国家财政收入的一个重要来源。唐代，我国西北部的回纥人每年要用上万匹马来换取茶叶。这就逐渐形成了一种“茶马政策”，因而茶叶生产还对国防的发展起到了重要的作用。

最初，人们饮用茶叶主要是为了保健和治疗疾病。饮用之前，将采

① 缗（mín）：一缗就是一千文钱。

摘的新鲜茶叶加水煮成茶汤。后来为了便于贮存，把茶叶晒干再收藏。到南北朝时，人们把干茶叶制成茶饼。唐代出现研究和发展茶叶技术的专著——《茶经》。

《茶经》的作者是陆羽，字鸿渐。他首先为茶正名，此后，人们把“茶”的其他名称都摒弃了。他认为茶水可以解渴、治病和代酒。尽管饮酒要早于饮茶，但由于茶叶较酒制作方便并节省大量的粮食，因此人们应少饮酒，多饮茶。书中对茶叶的起源、分布、性状、制作技术、煮茶方法，以及品茶时茶具的颜色和质地都作了介绍。对于各地生产的茶叶品级也进行了排列，特别是茶水的煎煮、饮用和品评的知识都有一定论述。陆羽由于这部大作和他有关茶叶制作技术和煎煮方法的丰富经验，人们就把他誉为“茶神”或“茶仙”。

陆羽的出身很苦，他是个弃婴，被和尚积公收养在庙内。从小他就在庙内充作各种杂役，特别是练就一手煮茶的高超技艺，受到和尚们的青睐。他烧煮的茶水不仅使他们在作夜课时可以提神和驱除困倦，而且其色味极佳，使和尚们饮之成瘾。稍大时，积公认为陆羽与佛有缘，有心让他做和尚，当积公把一些佛书教给他时，陆羽对此并无兴趣，同时还明确表示想学些儒家的书，这引起了积公的恼怒，从此就加大了陆羽的工作强度。这样，陆羽逃出了寺庙，加入了一个戏班子，在这里演了四年戏。后来，他还把一些演戏的心得写成了一本书。

有一次，他们到一户有钱人家中去演戏，一位太守曾鼓励陆羽读书，并帮助陆羽找了一位老师。此后，他不但学识日有所增，而且结识了一些很有文化的官吏，如诗人崔国辅、刘长卿、张志和，书法家颜真卿，和尚皎然，以及“大历十才子”之一的耿沣。后来一些朋友曾推荐他为官，陆羽都回绝了，并且在朝廷任命之后，他也从未到任。

陆羽的煮茶技艺是很高的。传说，在他离庙出走之后，嗜茶的积公断然“戒茶”。唐代宗时，积公到朝廷供职。一次，他上殿议事，皇上赐他茶水，碍着面子，他尝了尝就放下了。皇上看在眼里，暗中把陆羽煎煮的茶水换上来。积公再饮，饮个一干二净。饮完他说道，这似乎是陆羽所制。皇上很惊讶积公的品茶功夫，对陆羽的煮茶技艺和特色也赞叹不已。

由于“安史之乱”，陆羽随着许多百姓颠沛流离，所到之处都留心那里的茶、水和煎煮手艺以及茶叶的制作技术。同时，在阅读古籍时，也注意搜集和整理有关茶的发展的资料。久而久之，他对茶的知识有了很深的了解。在友人的鼓励下，他写出了名著《茶经》。

在煎制茶水时，陆羽也十分重视水的品质。他认为，煮茶用的水，山水最好，江水也不错，井水较差。为此，他还把用于煮茶的20种水定了品级，它们的名次是：

江州庐山康王谷谷帘水
常州无锡县惠山石泉
蕲（qí）州兰溪石下水
硖（xiá）州扇子硖蛤蟆口水
苏州虎丘寺石泉
江州庐山招贤寺下石桥潭水
扬州扬子江中泠（líng）水
洪州西山瀑布水
唐州桐柏县淮水源
江州庐山顶龙江水
润州丹阳县观音寺井
扬州大明寺井
汉江金州上流中泠水
归州五虚洞香溪水
商州武关西谷水
苏州吴淞江水
召州天台西南峰瀑布水

郴（chēn）州圆泉

严州桐庐江严滩水

雪水

陆羽开创的茶研究事业，也为后人所继承下来，例如宋代的《茶录》、明代的《茶疏》、清代的《茶笺》以及众多的“续茶经”之作。这些著作皆依照《茶经》的体例，把历朝各代有关茶叶种植和制作的技术水平不断地加以提高。这真可谓，“自从陆羽生人间，人间相学事新茶”（宋代诗人梅尧臣诗句）。

饮茶之风不但在中国普及，而且日本人也喜欢茶叶。唐代时，来华的日本僧人也有携带茶树籽回国种植的，并把制茶常识传播回国内。《茶经》一书问世后，也在国外引起了巨大反响。一位英国人曾说：“中国学者陆羽著述第一部完全关于茶叶的书籍，于是在当时中国农家以及世界有关者，俱受其惠。”“故无人能否认陆羽之崇高地位”。1928 年，《英国百科全书》重新修订时，曾将《茶经》全文收入其中。由此可见，“茶文化”的不断发展，陆羽的贡献是很大的。耿沣曾称赞陆羽，“一生为墨客，几世作茶仙”。看来，这位茶仙真成“万世茶仙”了。

陆龟蒙的《耒耜经》

耒耜（lěi sì）是两种古老的农具，在《周易》上记录了神农氏教导民众制作耒耜的传说。原始的耒就是从树上撅（juē）一根木棒，用于翻土、点种。后来，在木棒上加一段横木，以便于脚踩，节省手力。耜有点儿像今天的锹。原始的耒耜也有骨制和石制的，后来又出现了双齿型耒耜。在汉代武梁祠画像石刻中，“神农执耒图”和“夏禹执耒图”都是双齿型。

从汉代画像石刻上看，当时已使用牛来拉犁，说明已实行牛耕。把牲畜同耦耕相结合，显然使耕作效率大为提高。到了唐代，犁的不断改进也使这种农具更适应精耕细作。

在唐末，有一位落第的秀才，名叫陆龟蒙，字鲁望。他是江苏苏州人，隐居在淞江（今上海松江县）。他平时除了读书、作诗之外，也很注意农田作业，甚至亲自下地耕种管理。有人讥笑他时，他就说，古代的圣人尧、舜和夏禹还总干农活，弄得满手满脚都是老茧，像我这样的老百姓还敢不勤作嘛！由于他亲自参予农活，体会到农家的辛苦，并对老百姓的境遇十分同情。他写起诗来也经常讽刺时政的弊端和描述歉收的惨状。他从同农民的交往中，渐渐积累不少有关农业技术的知识，加上他的自身经验，就促使他写出了一部关于农具的重要的论著《耒耜经》。《耒耜经》虽然只有600多字，但较详细地记述了唐代对犁进行改革的成果——“江东犁”（或称“曲辕犁”）。江东就是今天说的江南，这是我国

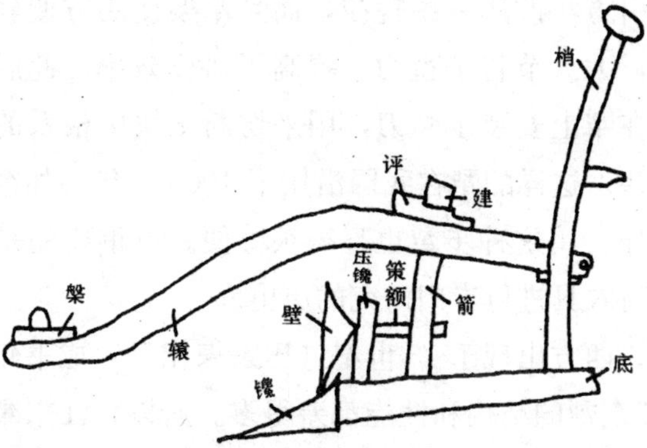

唐代江东犁的构造

最早出现犁耕的地区。

江东犁是一种新式步犁，它由 11 个部件构成。其中两个是铁制的，就是犁镵（chán）和犁壁；9 个是木制的，就是犁底、压镵、策额、犁箭、犁辕、犁梢、犁评、犁建和犁槃。

犁镵（也叫“犁铧”）起出土块，犁壁（也叫“犁镜”）再把土块翻起。土地中有草根，对庄稼有害，必须翻土除草。而翻起土，要克服草根使土成块的固结力，所以这两个铁制部件要求比较锋利。

策额与压镵原来是没有的，直接将犁壁装在犁箭上。唐代增加了这两个部件，可以安装犁壁和保护犁壁，从而保证犁壁正常发挥其作用。

早期的犁壁是直辕的而且较长，转弯时显得较为笨拙。江东犁则改为曲辕，长度短了，辕端安上可自由旋转的犁槃，转弯变得很灵活。

犁梢（也叫“犁柄”）和犁底（也叫“犁床”）原来也是一体，汉代时将它们分为两个部分。犁床是大部分部件的附着底座，这大大加强了犁的牢固性和行进时的稳定性。

犁评、犁箭与犁建是调节部件，可以调节耕作深浅。唐末的江东犁使这些部件定型和规范化，并使其结构更趋合理。

总的来说，唐以前的犁架较大，而且用直辕，调节部件的性能差，使用时需要二牛三人，劳动效率低。江东犁的构造较为完备，不仅将二牛抬杠式的牵引方法改用一牛挽拉，而且犁架使用方便轻巧。这种犁只需要一牛一人，大大节省了畜力，提高了耕作效率。此后，人们又进行了若干改进，在犁上安装了犁刀，用来切断土块中根系的联结，使犁铧起土更加容易些。这样的犁在我国沿用了1000多年，如今在山区面积较小的地块上耕作，用这种步犁也显得很方便。更重要的是陆龟蒙的《耒耜经》开始了对农具进行专门研究的历史。

类似的犁，西方出现于13世纪（比《耒耜经》成书年代晚了300多年），而且比江东犁的结构和性能都差得多。所以，江东犁是犁耕技术中的一次重大改进。

工 技 篇

灌钢法

至少在春秋晚期，我国已能制造钢剑了。在湖南长沙的一座春秋晚期的坟墓中就曾出土了一把钢剑，它的材料可能是块炼铁渗碳钢。这种炼钢法耗工多而效率低。在西汉中叶，又出现了一种新的方法——炒钢法。这就是将生铁加热成半液态、半固态，再进行搅拌，利用空气或铁矿粉中的氧进行脱碳，以得到熟铁或钢。利用这种方法可以得到更好的百炼钢原料，这不仅提高了百炼钢的质量，而且简化了工序，提高了效率。江苏徐州出土一把东汉章帝（公元 77 年）的 50 炼钢剑和山东苍山出土东汉安帝永初六年（公元 112 年）30 炼钢刀，都是以炒钢为原料，经过反复加热折叠锻打而成的。

利用炒钢来锻造百炼钢，其中关键的技术是掌握好炒钢的火候。炒炼过程就怕过火，过火后会使含碳量太低，通过锻打渗碳反倒费工了。后来人们发现，炒过火后不必锻打渗碳，可以把生铁加进去来进行补救。在汉末和晋代，就在汉代炒钢和百炼钢的基础上形成了一种新的炼钢技术——灌钢法。在古代不能生产高温液态钢时，作为半液态炼钢法的灌钢法，可以炼出品质较高的好钢。南朝梁代的陶弘景最早具体记述了这种方法。他说，这种方法就是“杂炼生、鍒”炼成钢铁，其中“生”是生铁，“鍒”就是熟铁。这就是说，灌钢法是将生铁和熟铁合炼成钢。

有一位比陶弘景略晚的术士，名叫綦（qí）母怀文。他是北齐人，大约在公元 550 年前后，炼制出一种“宿铁刀”。《北史・綦母怀文传》上是这样记载的：綦母怀文用灌钢法造宿铁刀，这就是先将含碳量高的生铁熔化，浇灌到熟铁上，使碳渗入熟铁，增加熟铁的含碳量，混炼多次，最后利用多种牲畜的尿水和油脂来淬火炼成钢，用于制造刀剑可斩断铁甲30片。这里的淬火方法较为奇特，是较为合理的。牲畜的尿中含有盐分，用来淬火，冷却速度比水要快，淬火后的钢比用水淬火的钢硬；用牲畜的脂肪淬火，冷却速度比水慢，淬火后的钢比用水淬火的钢韧。

这种炼钢方法经过隋唐时期的发展，到宋代仍然在应用。这种方法的改进型被沈括记录在《梦溪笔谈》之中，就是把生铁和杵状的熟铁捆扎在一起放入冶炉，用泥封住后加以冶炼。宋应星在明末编著的《天工开物》中，又记载一种改进型灌钢工艺：生铁在上，熟铁在下，所以生铁化后，渗淋熟铁之中。

直到1740年，英国的亨茨曼发明坩埚炼钢法，才首次获得液体钢水。在此之前，各个国家都是一直采用固态炼钢和半液态炼钢，其中灌钢法较好解决了渣与铁的分离问题，使生产效率高，钢的成分也得到一定的控制。古代的灌钢法的确是中国钢铁发展史上的一项重要工艺，它也的确使我国古代钢产量和钢质量在长时期保持先进的水平。

正定大铜佛

随着佛教传入中国，由于对佛的崇拜，因而佛像得以广泛的铸造，并且有些佛像铸得极其高大。

河北省正定县城内有一座寺庙，始建于隋代开皇六年（586 年），初名“龙藏寺”，唐改称“龙兴寺”，至宋代又改称“隆兴寺”，其中古迹颇多。但隆兴寺名扬天下，更多是赖于寺内的一尊铜质大佛像。这尊佛像高 22 米，下有 2.2 米高的石须弥座，铜像有 42 个手臂，因此又称“千手千眼观音”。这座佛像安置在寺内的大悲阁中，因此该寺又因佛得名，称为“大佛寺”。这座大铜佛是保存至今最高的金属铸像之一。

这尊佛像还有一段故事。传说，在隋唐时期，该寺内曾铸有一尊铜佛，很是壮观。五代之时，有个著名的“儿皇帝”石敬瑭大乱天下，该寺遭焚毁。后周皇帝柴荣出身布衣，深知天下寺院的僧尼无所事事，又耗费大量资财。因此，他责令大批僧尼还俗，参加生产，自食其力，许多佛像都拿来熔铸成钱币。当时龙兴寺的铜像也就在后周显德四年（957 年）前后用于铸钱了。

有一次，赵匡胤（yìn）领兵打仗，曾驻跸（bì）真定（今正定）。他在隆兴寺问起了佛像之事，寺庙的住持可俦（chóu）就随口编了一个故事。他说，大佛被毁了，在销毁之时，发现佛背上有 8 个字，“遇显而毁，遇宋而兴”。这就是说，佛像到显德年间必被销毁，到宋代就会随着国家的兴旺而兴起再铸。赵匡胤听后，就下令于开宝四年（971 年）修庙

正定隆兴寺大铜佛

铸像。这时距销毁之时仅 14 年左右。

可是，铸造这样大的金属佛像不是一件容易的事。据当地史书和寺中的石碑记载，是先铸佛像、再盖楼阁。

铸像之前要先打好地基，即挖一个深 5 米的深坑，将礓砾（jiāng lì）、土石、石炭、泥土分层铺垫、夯（hāng）实，这样填至与地面平，作为地基。地基中埋有 7 根铁桩，其中 4 根埋在四基脚，3 根埋在佛像底座之下。铸像之前要先铸莲花座，而后按顺序依次由下向上铸造。具体来说要分为 7 段分铸之，第 1 段铸莲花座，第 2 段铸到膝盖，第 3 段铸到脐下，第 4 段铸到胸部，第 5 段铸到腋下，第 6 段铸到肩膊，第 7 段铸头部和背后的 36 条手臂。铸好后，佛像的全身还要用金漆装饰表面，经加工之后，铸接的痕迹已难以察看清楚了。

站在大悲阁中，昂首望去，佛像塑得方面大耳，长眉垂目，且身体纤颀（qí）修长，比例适当，衣纹舒畅，背后和两侧排列着 40 只手臂，手中握举着蟠铃、杵（chǔ）棍等法器，正面一双手当胸合掌。到清末时，除当胸合十的一双手臂之外，其余 20 双手臂都已改成木制。佛像周围的宋代艺术雕刻、壁塑（今已无存）与金碧辉煌的铜佛相得益彰。元代诗人萨都剌（lá）曾写诗赞之：

眼中楼阁见应稀，铁凤楼檐势欲飞。
天半宝花飘关道，月中桂子落僧衣。
高擎（qíng）玉露仙人掌，上碍银河织女机。
全赵堂堂遗物在，山川良是昔人非。

1914年～1918年，在我国西藏日喀则又铸就一座世界最大的蹲坐铜佛像。这座佛像高22.4米，佛座高3.8米，总高26.2米。佛像肩宽11.5米，耳长2.8米，手长3米多，仅中指粗就达1米多。佛身上还使用了大量的珍宝，它是九世班禅主持建造的。

在日本，还有一座大铜佛，比正定铜佛还要早。公元747年，圣武天皇主张铸造一座大铜佛。铸就的佛像体高16.2米，连同石座、铜座可达21.45米。它于公元10世纪的一次大地震中头部被震落，16世纪又毁于兵火，现存佛像重铸于17世纪。相比之下，我国60年代在邢台发生大地震，正定大铜佛却安然处之，由此可见其地基之坚实，像身之牢固。

唐代大钟

古人造钟，大凡分为两种，就是扁口钟和圆口钟。前者主要是用来演乐，最著名的是湖北省随曾侯乙墓出土的编钟（64 件），距今已有2400 多年；后者多数用于报时、报警、拜佛等。从古代铸的大钟也可以看出某一时代冶铸的水平。

在唐代，佛教兴旺，寺庙分布很广。钟是寺庙内一种常见的法器，有寺就有钟。有唐诗为证：

月落乌啼霜满天，江枫渔火对愁眠；
姑苏城外寒山寺，夜半钟声到客船。

张继：《枫桥夜泊》

有趣的是，此诗还因为“钟声”引出了一段“公案”。宋代欧阳修认为，三更时分并非敲钟之时。后来经过查证，多数人认为张继之说为实。其实唐诗中提到夜半钟声的为数不少。例如，“未卧尝闻半夜钟”，“日照千山半夜钟”等等。可见唐代用钟报时已很普遍，甚至夜间报时也不疏忽。

时至今日，许多大钟已荡然无存，现存最早的大钟是几口唐代大钟：

(1) 宝室寺大铜钟　它铸于唐太宗贞观三年（629 年），现藏于陕西富县宝室寺。这是我国现存最早的一口大钟。钟重 3 吨，采用 24 块泥范拼铸而成，它的工艺设计水平较高。外形上锐下阔，钟口呈浅弧形，上

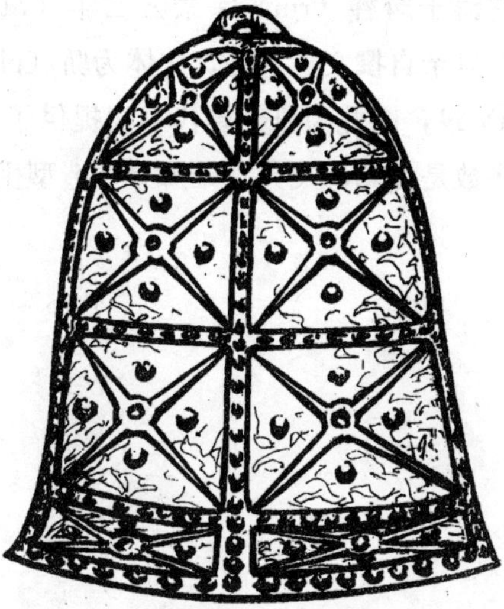

陕西宝室寺唐钟

钟纽采用流行的蒲牢形[1]。铸造钟身时分为四段，使用24块铸型，铸型交界处巧妙地利用蔓草饰界。钟身采用浮雕展示飞天、朱雀、龙、虎、仙鹤，并衬以彩云，有飞动之感。还有一片铸范专刻楷书铭文，铭词318字，以说明制钟的用途和过程。其他为菱镜形和钝角形图案装饰。整个钟身构图清雅精美，具有较高的艺术价值。

（2）**大云晓钟**　现存于甘肃省武威市的大云寺内。由于它在陇西名气颇壮，被誉为甘肃八景之一。大钟高2.4米，钟口外径1.45米，钟唇厚0.1米。这口大钟估计是武则天在位时（684年～705年）铸造的。那时武则天下令，全国都要供奉《大云经》，因而该寺也更名为大云寺（原名弘藏寺、天赐庵）。这口大钟通身饰以鬼形。三位鬼天王，头戴塔尔帽，身披盔甲，手持兵刃，骑着夜叉。整个构图古朴雅致，风格独特。

① 蒲牢是传说的一种海兽，它十分惧怕鲸，当它发现鲸后就大叫。因此，古人铸钟，如果想让钟声洪亮，就把钟纽铸成蒲牢状。

(3) 景云钟　它铸于唐睿（ruì）宗景云二年（711 年），钟重 6 吨。钟身的铭文为睿宗李旦亲自撰文、书写，文体为骈（pián）体文，字体是楷体间杂篆（zhuàn）隶，因此为研究唐代书法提供了珍贵的资料。钟身刻铸有浮雕，内容多数是仙鹤、飞天、雄狮等，造型生动，技法娴熟。

沧州铁狮子

在河北民间流传着这样一句谚语："沧州狮子景州塔，正定府的大菩萨。"古代的沧州城（距今沧州市 20 千米）也因此名叫"狮子城"。这座铁狮子昂首怒视，巨吻（wěn）大张，四肢分开，作奔腾之状。清人李云峥曾作《铁狮赋》来赞颂它，生动地描绘出铁狮子的雄健之姿。

据史书上记载，沧州的铁狮子在州城内的开元寺门前，它通高 5.3 米（其中身高 3.8 米，头高 1.5 米），通长 6.5 米，身躯宽为 3 米，总重量约 40 吨。铁狮子身披马鞯（jiān），背负一个巨大的仰莲圆盆，盆底直径 1 米，口直径 2 米，盆高 0.7 米，可以拆卸。相传这个圆盆就是文殊菩萨佛像的底座。铁狮子的前胸和臀（tún）部装饰着束带，束带端分垂在两肩直到胯部，头部的毛发作波浪状披垂在颈部，有些毛发略

沧洲铁狮子王

作卷曲状。

这座铁狮子是我国现存的著名金属工艺品，在国际上也享有声誉。铁狮子的右项和牙边标明了它的铸造年代——“大周广顺三年（953 年）铸”。这时别的国家尚无生产液态生铁的能力，根本无法铸造需要 40 吨生铁的狮子！在它的头顶和项下都刻着三个字——“狮子王”，它的确是当之无愧的。

这铁狮子是何人所铸呢？在狮子的左肋上记着“山东李云造”五个字。在它的头内还有“窦田郭宝玉”五个字。据分析，前者是铸造人姓名，也有说是捐资人姓名；后者可能是冶铁者姓名。腹内和牙内外刻着不少字迹，可惜磨灭得不清不全了，难以辨别。后人考察，判定它是《金刚经》的经文，字体是隶书。

为什么要铸造这样大的铁狮子呢？这里流传着两种说法。一说是李云捐献，目的是使寺院壮观，扬他的美名；另一说是镇州城、御外敌。后周世宗柴荣带兵北上，与契丹交战，打到了幽州（今北京市）、易州（今河北易县）、沧州三地。为了纪念他的战功，显示后周军队的神威，使北方敌寇不敢轻易进犯，柴荣就命令一些罪犯铸造了铁狮子。不过当时战事频仍，后周朝廷也难于拿出很多钱资助铸狮子。唯一办法是向民间征募废铁。因此铁狮子的材料质量比较差，狮子全身几乎都成了氧化铁，表皮一层层剥落。不过也有人提出异议，周世宗灭佛是历史上有名的，他怎么能让人把佛经刻在狮子上呢?！由此可见，两种传说都欠妥当。

这座铁狮子在清代康熙年间（1662 年～1723 年）曾倒塌过。嘉庆八年（1803 年）又倒塌过，它的口吻、腹部和尾部都有残破。光绪十五年（1893 年）才被人扶起，并用砖石将它的残破处填补上。

这座大铁狮子王是怎样铸造的呢？可以想像得出，铸造工艺一定是非常复杂的，技术要求也很高。根据专家的分析，铁狮子是利用多块泥范组合而铸造的。从外形上看，它的爪、腹、头部是整体铸造；从小腿到脊部有10条接缝，分15段、344块；莲花盆和盆座分6段、65块；总计409块铸型，每个铸块约30厘米见方。这在我国早期大件铁器铸造工艺的发展上的确是一件成功的工程。这件珍品也标志着传统铸造工艺辉煌的成就。

唐代名瓷

大邑烧瓷轻且坚，扣如哀玉锦城传。
君家白碗胜霜雪，急送茅斋也可怜。

——杜甫《又于韦处乞大邑瓷碗》

九秋风露越窑开，夺得千峰翠色来。
好向中宵盛沆瀣，共嵇中散斗遗杯。

——陆龟蒙《秘色越器》

这是两首唐诗，它们都高度赞赏唐代两种最有代表性的瓷器——白瓷和青瓷。

南北朝时期，烧瓷技术有很大的发展。北朝成功地烧出了白瓷，在制瓷史上是一个重大突破。出土的唐代白瓷成分中氧化钙较多，烧制温度高达1200℃。出土的唐代白瓷碗，已接近现代高级瓷的水平。唐代著名的白瓷窑有邢窑（今河北内丘），这里的白瓷不带一点儿杂色，是当时上贡朝廷的贡品。当时著名的白瓷产地还有江西景德镇和杜诗中提到的四川大邑。从杜诗中可以看出，大邑白瓷质地“轻且坚”，扣击之声“如哀玉”，色白“胜霜雪”。白瓷技术的发展还为后来青花瓷的产生提供了条件。

青瓷的资格比白瓷老得多了。青瓷釉含有少量氧化亚铁成分。如果掌握好窑内的温度和通风情况，在还原性燃烧中就可以得到青瓷。唐朝的青瓷产地中，最有名的是越窑（在浙江省绍兴和余姚一带）。诗人陆龟蒙诗中的“千峰翠色”就是对越窑烧出的青瓷的赞美。这种瓷器的胎质细薄，釉色晶莹。还有人把它形容成“类玉”、“类冰”。茶圣陆羽认为，“碗以越州为上”。越窑烧制的青瓷为后代的收藏家所珍藏。

有些地区还出现了黑釉、褐釉以及青釉与其他色釉混合的彩釉。

隋唐以来的瓷器也吸收了不少外国工艺品中的造型和图案。例如，隋唐时流行的凤头壶就是学习波斯产的银瓶。

唐朝之后的五代十国时期，瓷器的生产得到进一步发展。特别是后周时的“柴窑”就烧出了“雨过天青”的深青色瓷。人们称赞这种瓷器是“青如天，明如镜，声如磬”。这种技术演变为后来非常有名的“钧瓷”，这是一种以红、绿、紫色出名的著名瓷器。

飞行器的制作

大概是由于看到鸟儿的飞翔，人类在远古时期就有了飞上天空的梦想。

在《山海经》中曾记载西方奇肱国的巧匠设计和制造了“飞车”。据说，他曾借助西风飞到中国，后来又借助东风飞回祖国。这是利用风力飞行的科学幻想，对后代影响很大。

在春秋时期，墨子和鲁班（原名公输般）是同时代的能工巧匠。墨子花了三年时间制作了一只木鸟，飞一天就坏了。鲁班设计了木鸢(yuān)，它可以在空中飞行三日而不掉下来。还有东汉大科学家张衡，他制作的木雕能飞几里远。古书上没有交待这些飞行器是怎样飞行的，有人认为它们就是风筝。

相传风筝是西汉张良发明的，他曾亲自乘坐一个巨型风筝上天去侦察敌阵。又传风筝是韩信发明的，他曾在首都长安放风筝，借以测定到皇宫的水平距离，以便发动政变后派突击队通过穴攻进入宫内，逮捕吕后等人。这两个故事都有编造之嫌，可是在秦汉乃至战国时期是可能出现风筝的。

古书还记载，有虞氏帝舜的亲生母亲早死，他父亲瞽瞍再娶妻子，生弟名象。父亲、继母和弟弟老是合谋要害死帝舜。有一次瞽瞍让舜爬上仓库去抹房顶，瞽瞍就在下面放火烧仓库。舜情急智生，操起两顶斗笠一边一个夹在腋下从房顶跳下，幸免一死。这简直成了跳降落伞的前驱。

王莽篡夺了西汉政权之后，曾征召天下身怀绝技的特殊人才，于是有一名“飞行家”到首都长安献技。他借助鸟的翅膀飞行，身上都粘上羽毛。在飞行过程中，他还使用了控制装置，他飞行几百步就掉下来了，这又有点儿像原始的滑翔机试飞。

在南北朝时期，北齐有个皇帝非常残酷。他让囚犯从几十丈的高台上出发乘风筝飞行。张良乘坐的风筝是有人拽住的，而囚犯乘坐的风筝的绳却没有拽住，难怪一个一个地跳下去摔死了。只有一个人幸免，他飞得很远并成功地降落，这是碰巧他能利用风筝滑翔的缘故。

乘机械飞行仍是人类最大的愿望。东晋时的葛洪的设想最有意思。他认为人可乘坐螺旋桨推进竖直地升空。葛洪当然不可能制成那种飞车，不过那是直升机的雏形，倒也值得重视。

唐代有一个工匠叫韩志和，他为皇帝制作了一个能飞行的“龙床”，操纵它的“机关”，就可以升腾飞行。由于它太玄了，皇帝始终未敢一试。遗憾的是，古书上没有具体记载它的原理。

由此可见，到中古时期，人们在飞行器的研究和制作水平上有了很大的提高。尽管这些飞行器通常不能使用，但是它们的设计思想仍然是很有价值的。

浣花笺纸桃花色

汉代发明的造纸术，在魏晋南北朝时有了一定的发展。到隋唐时期，产纸地区不断扩大，全国有 9 省 10 个地区向朝廷进贡纸张。

在唐代，造纸业逐渐由官府向民间转移，成为农村手工业的行业之一。这样，造纸业的规模扩大了，纸张销售也更加广泛，结束了“洛阳纸贵”的局面。

唐朝造纸业基本上形成了 4 个中心，它们是长安、益州、宣州和杭州。

长安及其附近的几个地区生产麻纸。首都长安是政治和文化的中心，纸张消耗量很大。例如，集贤书院有大量的藏书，抄写书籍所用掉的纸张就很可观。

益州曾是三国时期蜀汉建都之地，因而经济和文化也发达起来。此地生产的纸张称为“蜀纸”。它用楮（chǔ）树作原料。楮树就是榖（gǔ）树，用它制成的纸，质量好，坚韧耐久。五代时期，南唐王朝曾在此办理纸务，以供应朝廷的纸张需求。

宣州产纸的原料是青檀树的枝皮，由此生产出一种质量极佳的书画用纸——“宣纸”。

杭州附近的剡（shàn）溪生产出一种藤纸，纸质极佳。

唐朝使用的造纸原料主要有麻、竹、藤、桑皮、苔、麦秸、稻草、檀、楮等。其中麻纸产量居首位，从敦煌石窟出土的写经纸主要是麻纸。

薛涛

麻纸分为黄麻纸、白麻纸和硬黄麻纸等。藤纸的质量很好，顾况曾写诗赞美它。藤纸分为白藤纸、黄藤纸。遗憾的是，由于人们对藤资源开采过度，使这种原料枯竭，藤纸也就因此绝迹了。替代藤纸的是竹纸，它的产区分布在南方的竹区，原料极为丰富。

唐朝是我国封建王朝的强盛时期，文化很发达。纸张的应用促进了文化的发展，文化的发展也促使了造纸技术水平不断提高。唐代文人对纸张的质量很重视，对它们的外观也很讲究，甚至常常自己动手进行再加工。唐代和五代时期产生了一些著名的纸笺。

成都浣花溪有一位著名的女诗人名叫薛涛。她与当时著名诗人刘禹锡、杜牧、白居易吟诗唱和，享有盛名。人们认为白纸是不吉利的，因此薛涛就动手对纸张进行重新加工和装潢。她用毛笔或毛刷把红染料涂在纸上，自然阴干，这就制成了红色的小笺。她还把小花瓣洒在纸上，再用毛刷“撒红”，这就制成了“松花笺”。她的纸笺随着她的诗名在社会流传开来，人们便把她制作的小笺叫做“薛涛笺”。著名诗人李商隐在《送崔珏往西川》一诗中写道：

浣花笺纸桃花色，好好题诗咏玉钩。

唐代段成式的诗名与李商隐和温庭筠齐名，他的《酉阳杂俎》是一部名著。他也曾设计和制作过一种称作“云蓝纸”的新纸张。

唐朝名士韦陟（zhì）曾监制过五色彩笺，人们称这种纸为“五云笺”。

唐代还有一种名纸叫“硬黄纸”，这种纸质地硬密且呈黄色。当时人们多用它来抄写经卷。敦煌出土的经卷多数抄写在这种纸上。硬黄纸的制作较简便。先用黄柏在麻纸或楮纸上染色，再涂黄蜡，用熨斗熨平就行了。这种纸的关键技艺是熨平。硬黄纸的表面光滑，可以防水防蛀，正是如此高的质量才使得敦煌出土的经卷历经千年而不坏。

唐朝发明的另一种名纸是“金花纸”。它是受佛像的粉金和绣金服饰的启发，以金花点缀纸面而制成的。它显得高贵，以表示使用者的富贵。相传唐玄宗李隆基与贵妃杨玉环共度中秋佳节时，曾命李白赋诗助兴，李白书写新诗的纸笺就是金花纸。朝廷任命事项和民间的喜庆都用金花纸书写，这种风俗流传很长、传播很广。金花纸的“金”是真金，制作之前先将金制备成金粉。将金粉飘撒在涂胶的纸面上，待晾干之后，就成了金花纸。这种纸在明清时期仍然在使用，甚至一些高级补品的包装也使用金花纸。

五代时，南唐后主李煜（yù）善于填词，写过不少佳作。为了得到上好的纸张来书写，他特地从安徽和四川等地招来巧匠造纸。造好的纸都收藏在他祖父的官邸——澄心堂中。因此，这些特优的纸张佳品被称为“澄心堂纸”。它是御用之物，是皇家的专利，它的制作方法是严格保密的。由于皇帝的垄断，这种纸可以说是“一纸百金”。可惜的是，这种纸随着南唐的破亡而失传。宋朝的一些官吏得到几张澄心堂纸就如获至宝，自然是十分珍爱了。

造纸术的外传

中国的造纸术不仅对中国文明而且为世界文明发展作出了重要贡献。

中国纸传入朝鲜半岛较早。那一代人在3世纪就已跟中国工匠学会了造纸。

中国与朝鲜仅有一江之隔。古朝鲜半岛分为三个国家——百济、新罗和高丽，都通行汉字。在3世纪，朝鲜人大量到中国学习。大约在4世纪末，朝鲜人从一些中国人手中学会了造纸。朝鲜半岛上的“高丽纸”是一种楮纸，它被誉为“光白可爱”。到了宋代，由于与辽国长期交兵，中国纸出口朝鲜受到了影响。这一时期，朝鲜自己的造纸业发展很快，中国人也非常喜欢高丽纸。

朝鲜人学会了造纸术后，又传给了日本人。日本人最先接触到纸也是朝鲜人提供的。日本人也使用汉字，并想学会造纸的技术。但是直到7世纪，日本摄政王圣德太子命人从师于朝鲜高僧昙征才将造纸技术学到手。日本生产的纸称作“和纸”。现存最早的和纸书籍是圣德太子时期抄写的《法华经义疏》。

印度学会造纸是较晚的。印度人抄写经文通常是抄在“贝叶”上，因此这种书也叫做“贝叶书”。中国的造纸术传入印度是伊斯兰教徒的功劳。12世纪，伊斯兰教徒再度入侵印度，建立了德里帝国。伊斯兰教徒掌握印度的造纸业达400年之久。

大约在4世纪时，中国的纸已输入到西域诸国。8世纪时，阿拉伯人的势力范围已扩展到阿塞拜疆。唐玄宗时，唐朝的安西节度使高仙之（朝鲜族）率兵在怛（dá）罗斯附近与阿拉伯军进行激战，结果唐军大败，只生还几千人马。被俘的几千唐军中有造纸工匠，他们在撒马尔罕（在今乌兹别克斯坦境内）造出的纸被称作“撒马尔罕纸”。接着，阿拉伯人又在大马士革造出了“大马士革纸”，在班毕城造出了“班毕纸”，质量更好的新纸逐渐代替了埃及人使用的“纸莎草纸”。

由于阿拉伯人生产纸张很赚钱，他们严守秘密，因此，造纸术成了他们的“专利”，并持续了400年。但是，由于阿拉伯人的造纸技术没有更新改进，便逐渐地落后了。

欧洲人原先使用的书写材料，除了从埃及进口的纸莎草纸之外，还有自制的羊皮纸。羊皮纸表面光滑，便于用鹅毛管书写，但是价格昂贵，普通人是使用不起的。12世纪，阿拉伯人在西班牙盛产亚麻的地区办起了欧洲第一家造纸工场。后来，西班牙的近邻法国人也学会了造纸，并明令造纸原料——破布——不许出口。意大利的造纸技术是从埃及传入的，它是继西班牙之后的欧洲第二个造纸中心。14世纪，造纸术从法国

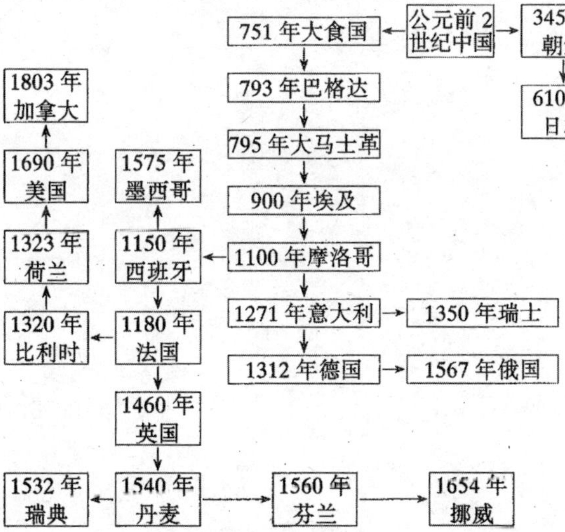

造纸术传播的路线

传入德国。15 世纪，造纸术传入英国。德国人学会了造纸之后，又将造纸术传入俄国、波兰和奥地利。后来，西班牙人又将造纸术传入墨西哥。17 世纪，荷兰人在美国兴办造纸工场。19 世纪，加拿大和澳大利亚才学会造纸。到 19 世纪初叶，造纸术才传遍五大洲，中国纸才彻底取代羊皮纸和纸莎草纸。

欧洲人接受造纸术后，对原有的工艺加以改进，制造出更适于欧洲书写习惯的“仿羊皮纸”。据说，利玛窦（dòu）来华传教时，带来了一些“洋纸”，只是它不适宜毛笔书写，因而对中国造纸业的影响不大。

雕版印刷术

在发明造纸后，有很长一段时期古人用的书都是一页一页地抄写，这使得许多人把时间都花在抄书上。传抄出错的情况也并不少见。这时，人们要得到一本书是很不容易的。这就大大影响到文明的传播和文化的交流。

在东汉时，为了防止传抄出错，曾根据一些官员的提议，将儒家的重要经典刻在石碑上，供读书人抄写和校对。在石碑刻好竖立在洛阳后，刚一开始，每天就有1000多辆车载人去观摩和抄写。

为了免除抄书的辛劳，起初人们发明一种印刷的方法——拓印。这就是把纸铺在石碑上，再拍实，刷一层墨汁，揭下来后就成了一张黑底白字的书页了。

人们也把印章加以改良。本来印章很小，上面能容纳姓名或官名就可以了。后来，一些道教徒为了散发和兜售他们的符咒，就用“印章”来印。他们先把符咒的内容刻在木头或石头上，而后一页一页地印就可以了。在南北朝之时，曾刻出0.396米×0.0825米大小的木印。

这两种原始印刷的办法为雕版印刷术的发明准备了有利的条件。将这些方法作了进一步的改良，就形成了雕版印刷术。

新的工艺是先将木材加工成一块块木板，把要印的内容写在一张薄纸上，反贴到木板上，再行雕刻。刻好后，再像拓印那样一页一页地印就可以了，不过得到的是白底黑字。

据说，唐太宗李世民的皇后长孙氏曾写过一本有关妇女行为准则的书——《女则》。唐太宗看过后，就命大臣用雕版印刷的方法印出来了。

著名诗人白居易把自己的诗编成一本诗集——《白氏长庆集》，他的朋友元稹（zhěn）为此作序，其中也谈到白居易的诗常被人们雕印出来，上街销卖。

这两件事分别发生在贞观年间（627 年～649 年）和长庆四年（824 年），可见这时的雕版印刷已较为流行了。

雕版印刷的书籍中，更多的是阴阳、占卜之类的书。有些人竟印刷朝廷明令禁止的历书，为此曾有某些官吏上奏朝廷，建议加以惩处这些人。不过，历书是百姓必需的，销路很好，印制历书有丰厚的利润可图，因此屡禁不止。

为了满足读书人对儒家经典的需求，晚唐之时，有人提议印刷儒家经典。当时印了 9 种经书，花了 20 多年的时间。这对文教事业有一定的贡献，在当时产生了重大影响。

雕版印刷的《金钢经》卷首图画

由于年代久远，唐代刻印的书籍保留下来的已属凤毛麟角。幸运的是，在甘肃敦煌莫高窟发现了一部唐朝时印的佛经——《金刚经》。上面注明的印刷日期是咸通九年（868年）。这部经典是佛教徒们必读的经书，所以流传很广。在敦煌发现的这部经典是雕版印制而成的。它由7个印张粘接而成，其中在卷首还有一幅精美的图画，用一块整版印成，它的内容是佛祖释迦牟尼为弟子说法的事迹。

这部《金刚经》是迄今出土的最早的雕版印刷书籍。它的图画可能也是世界上最早的版画作品。这部佛经卷被英国的斯坦因买去，现藏于大英博物馆。

唐朝兴起的雕版印刷术，在宋代发展到鼎盛时期。现代流传下来的宋代雕版印刷书籍被称做“宋版书”，是极其珍贵的版本。

后来，活字印刷术出现了，雕版印刷书籍逐渐减少，但是它在印制图画上还是大有用武之地的，特别是彩印和多色套印，这种工艺到现代仍发挥着它的作用。

敦煌莫高窟

石窟寺（也简称石窟）是一种依山崖陡壁而开凿出来的洞窟佛教建筑，是供奉佛像和供佛教徒苦修的场所。它发源于印度，随着佛教的传入和传播，开凿石窟也在中国兴起了。

我国的大型石窟分布在新疆、甘肃、辽宁、河南、河北、山西、山东和浙江等地，而以甘肃省的敦煌莫高窟、天水麦积山石窟和永清炳灵寺石窟，以及山西大同云岗石窟，河南洛阳龙门石窟和新疆拜城克孜尔千佛洞最为著名。它们都开凿于 5 世纪中叶到 6 世纪后半叶的 120 年间。中国现存的石窟群反而远比它的发源地印度为多。

石窟寺里主要供奉着石刻和泥塑的佛像，展示着以佛教故事为内容的壁画，形成独具魅力的艺术群体，是中华民族艺术宝库的重要组成部分。

敦煌莫高窟也称做“千佛洞”。佛窟位于鸣沙山的 2000 米长的断崖上。这是我国规模最大、内容最丰富而且损失最少的大型石窟群。

据记载，前秦建元二年（366 年），乐僔和尚在这里开始造像。到唐代已开凿了 1000 多个石窟。鸣沙山的岩石是属于石质疏松的砾岩，因而不宜雕镂。但是心灵手巧的匠师们因地制宜，在这里绘制了大量的壁画，制作了大量的泥塑佛像。时至今日，还留下石窟 492 座，壁画达到 45000 多平方米，彩塑佛像达到 24000 多身。此外，还有唐宋两代留下的窟檐木构建筑 5 座。

敦煌莫高窟

敦煌壁画中，有许多内容是佛经故事。这是关于释迦牟尼创立佛教的生平事迹，例如，“割肉救鸽”、“舍身饲虎”、“五百强盗成佛”和“鹿王本生”，其中“鹿王本生”已编成名为《九色鹿》的动画片。壁画中最具特色的还是“飞天”，她是个能演奏和能飞舞的“香声神”，身上的飘带以旋线表现，而且带动彩云和花蕾，仿若飞动不已。

敦煌壁画中还有许多内容反映当时民众从事劳动生产的场面，例如酿酒、锻铁、纺织、饲养、耕作、收获和航海。从这些画面中，我们可以看到许多器具，例如，汉代就已发明的三脚楼，南北朝、唐代和五代的驾马挽具，隋代以来的各种玻璃杯，隋唐以来的海船，唐代先进的曲辕犁，五代、西夏和元代的碓，还有许多车、轿等。这对了解古代技术的发展有很重要的意义。

在战争画面中，还可以看到火枪、具装铠、马镫等军事装备。这些为我们了解古代军事装备水平和发展情况提供了重要的线索。特别是晚唐的壁画中的“火炮”比其他史料中的有关记载早了近 300 年，这是著名的英国科技史学家李约瑟博士发现的。

莫高窟壁画上还有各种颜料。由此可以了解古代各种无机和有机颜料的具体成分，进而了解古代相应的化学技术发展情况。

石窟的“藏经洞”中还发现大量经卷，数量多达 40000 多件。其中有近 20000 件被英国的斯坦因、法国的伯希和、俄国的鄂登堡等人弄走；美国人华尔纳还粘剥了一些壁画，并弄走唐代的一些塑像。

“藏经洞”的文物是十分珍贵的。它反映了我国 5 世纪～10 世纪时的科学文化发展情况。例如，绘于 8 世纪初的一幅著名的星图，它上面载有 1359 颗星。而欧洲在发明望远镜之前，他们最多记录下来 1022 颗星。这幅星图也被斯坦因弄走了。

驰名中外的大运河

大运河是我国历史上的伟大工程，它完全可以与万里长城相媲美。它克服了绵延数千千米上的地形所限，沟通了南北，对于古代的政治、经济、文化的发展产生了重要的影响。这条大运河至今还是世界上最长的运河。

在春秋时期，长江下游的吴国一度相当强盛。它曾击败了楚国和越国，并北伐齐国和晋国，以图称霸中原。公元前486年，吴王夫差为了实现他的宏图大略，计划在长江与淮河之间开凿一条运河。这条运河从江苏江都引长江水到射阳湖，再通到江苏淮安。由于这条运河从邗(hán)城下流过，因此名叫“邗沟”，它接通了江淮水道。这是大运河中最早开凿的一段。

战国初年，魏国定都大梁（今开封）。到公元前361年，开凿鸿沟，引黄河水顺汴水到圃田泽，再由此到大梁城，而后折至沙水入颖水，形成了鸿沟水系，它接通了黄淮水道。后来“鸿沟”一词成为常用语，用来比喻不易逾越的界限。

公元369年，东晋的桓温率兵攻打燕国。为了运送军粮，也曾利用钜野湖（元末已干涸）的水源开凿河道，从山东鱼台通到济宁，使淮河经泗水穿过这条运河，在河南滑县流入黄河。这条运河长达150千米，称作“桓公沟”，后来发展为山东南运河。

隋代开皇七年（587年），文帝开凿山阳渎。这基本上是对春秋时期的邗沟进行改造和疏浚。邗沟、鸿沟、桓公沟等早期运河为后代所不断疏浚和修整，为后来大运河的开凿奠定了基础。

真正开凿大运河是从隋炀帝开始的。他为了满足其穷奢极欲的生活之需，为了加强对江淮地区的统治和便于东北用兵征伐高丽，隋炀帝先后开凿通济渠、江南运河和永济渠。

大业元年（605年），隋炀帝征调河南淮北100多万军民，开凿通济渠。这条运河起于洛阳，西引穀水和洛水入黄河，再从成皋引黄河水入汴河故道，对汴河进行修整，并与山阳渎相连。这项工程主要是在过去的浪荡渠（就是战国时的鸿沟）和汴河故道的基础上进行改造和疏浚。通济渠全长1000多千米，由于它与山阳渎的连接，这样就在古代邗沟和鸿沟的基础上有了较大的发展，使黄河和长江水道连通起来。

大业六年（610年），开凿江南运河。它起自长江南岸的镇江，直到浙江杭州，全长400多千米，两岸还修筑了长堤，栽种了柳树，河面宽度30多米。

这样就通过通济渠、山阳渎和江南运河，从洛阳直达杭州，使中原地区和江淮地区的联系更加密切。

大业四年（608年），还开始了另一项重要工程——开凿永济渠。朝廷动员了河北诸郡百万军民参加修建。这条运河可从洛阳直通涿州，中间经过汲县、滑县、内黄、天津、德州、临清等地，全长1000多千米。

通济渠、江南运河和永济渠的总长度达到2500多千米，前后共用了6年时间，这样快的速度在古代水利工程史上是绝无仅有的。隋朝运河体系的初步形成，不仅密切了南北之间的联系，而且促进了南北间文化和经济上的发展，有利于国家的统一。

元代定都大都（今北京）后，南方许多物资需要北运，如果按原来的运河路线走就要绕道而行，运输费时费力，因此，需要对旧运河体系进行改造。元代开凿的运河，主要是山东境内的运河和从通州到北京的运河。山东段是分两个阶段完成的，全长200千米。通州到北京的运河叫做通惠河，是在元代著名水利专家郭守敬主持下修建的，全长 82 千米。这样，从北京到杭州的“京杭大运河”才算开通。

元代开凿的运河，虽然采用了一些新的技术，对运输是有益的，但是，山东段新修的会通河，引用汶水水源处理不当，形成岸窄水浅，难于顺利行驶。所以，元代的一部分运输就不得不走海路。到了明清两代才逐渐将山东河段的问题解决好，形成了名符其实的“京杭大运河”。

现在的京杭大运河全长 1782 千米，贯通海河、黄河、淮河、长江、钱塘江五大水系。这样，大运河一般可以分为五段：京津段（166 千米）、津黄段（636 千米）、黄淮段（460 千米）、淮江段（180 千米）、镇杭段（340 千米）。

大运河带来了巨大的经济效益。南北朝时，北方人口大量南迁，使长江以南，特别是长江中下游一带的经济发展很快，江浙一带不仅农产品丰富，而且工商业也极发达，甚至海外贸易也达到很高水平。然而唐宋时期，政治中心仍然在北方，仅粮食一项，每年就要从南向北运输几十万吨。此外，还有江南的丝绸、铜器、海产，四川的布匹，两湖的稻米，广东的金银、犀角、象牙等，大部分都要利用这条水道。由此可见，作为古代劳动人民的智慧结晶的大运河，的确是我们中华民族的骄傲。

隋唐名塔

佛教传入中国之后，对中国建筑影响最大的是塔的修建。塔的译音是“窣（sū）堵坡”。最初，它是石窟寺内礼拜信仰的对象，在它前面往往是众僧和信徒集会的场所。释迦牟尼去世之后，他的骨灰被弟子们分散保存在各地兴建的“窣堵坡”之中。因此，“窣堵坡”其实就是坟陵。这种坟陵的形状是半球形的，在头上加一个顶尖。在佛教传入中国后，中国人吸取了印度的墓塔建筑形式，创造出具有中国特色的新型宝塔。

中国人的塔也供奉佛骨——“舍利”，有些塔还供奉和收藏经卷或佛像，还有些塔保存高僧的遗骸或遗物。因此，中国的佛教徒十分重视佛塔的建造。

在长期的佛塔建造中，我国的佛塔大致可分为五种：楼阁式塔、密檐塔、单层塔、喇嘛塔和金刚宝座塔。隋唐时期，佛教兴盛，特别是唐朝，儒、道、佛俱兴，建造了大量的佛塔。

这里，仅就遗存的部分名塔简要地介绍一下。

神通寺四门塔　在山东济南柳埠，至迟建于隋大业七年（611 年）。该塔全部是大青石材建成，塔身高 13 米，平面是方形，四面各有一半圆形的拱门，因此称做“四门塔”。塔室中有方形塔心柱，四面各雕一个佛像。塔顶是石板层层叠筑而成，以构成四角攒尖方锥形屋顶。顶尖部是山花蕉叶托相轮。该塔风格简朴，是早期单层塔建筑的范例。

会善寺净藏禅师塔　在河南登封，建于唐天宝五年（746 年）。这也

神通寺四门塔

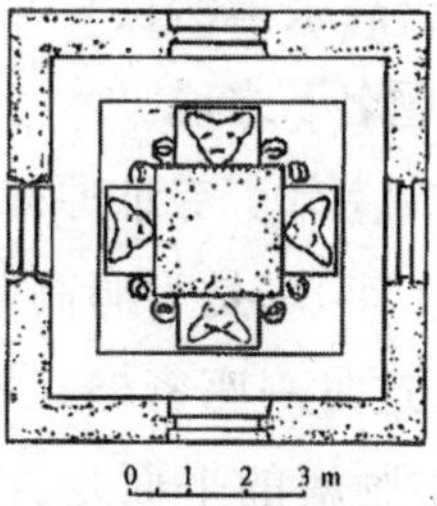

神通寺四门塔平面

是一座单层重檐塔，下有台基，高 9 米多。唐塔中多数是方形塔。此塔是现存最早的八角形塔，非常难得。

慈恩寺大雁塔　在西安市南郊，建于唐永徽三年（652 年），它的名称来源于印度佛教的故事。据说，一位菩萨化身为雁，舍身布施，后人建塔来纪念他。该寺是玄奘回国后钻研和翻译佛经的处所。他曾参加该塔的设计和建造工作。原塔是 5 层，武则天时重建，塔高 10 层。后来因战争破坏减到 7 层，一直保存至今。大雁塔高 64 米，各边长 25 米，造型简洁，比例适度，给人以庄严朴素之感。塔内有楼梯可以直通顶层。塔

西安大雁塔

底层有两块碑，碑文分别是：《大唐三藏圣教序》（唐太宗李世民撰写）和《大唐三藏圣教序记》（唐高宗李治撰写）。据说，唐代进士可以在塔上题名留念，因此有“雁塔题名”之说。

荐福寺小雁塔 在西安市南郊。寺址原来是隋炀帝登基前的居住处。寺建于唐睿宗文明元年（684 年），是为唐高宗百日祭所建造的。塔建于唐中宗神龙二年（706 年）。这是一座密檐式塔，因为它比慈恩寺的雁塔小，所以名叫“小雁塔”。小雁塔的平面是方形，底层每边长 11.25 米。

西安小雁塔

原来是15层的，后来因为地震毁坏而剩下13层。塔身的边长依次向上逐渐缩短，收分自然圆活，显得秀媚流畅。寺中有一口大钟是金代铸造的。过去寺僧每日都要撞钟，声闻数里远，因此有“雁塔晨钟”之名，是“长安八景”之一。

崇圣寺三塔　在云南大理城郊。崇圣寺早已不存在。三塔是一大二小，排列成一个三角形。大者称为“千寻塔”，16层，高约58米，是多层密檐式砖塔，造型与西安小雁塔相似，建于9世纪中叶，就是唐代南诏晚期。塔内空心，可以一直攀登到顶。两个小塔是八角形多层式砖塔，都高38米、10层，塔身白色，并雕有各种纹饰，建于五代，比千寻塔略晚。

云岩寺塔　在苏州虎丘，建于五代吴越钱弘俶十三年（959年）。塔平面呈八角形，是当时的流行样式。塔高7层，残高约47米。塔体分为外壁、回廊、塔心壁、塔心室几部分。这是一座双层壁塔，在我国仿木的楼阁式砖石塔中，用双层塔壁者以此为最。塔的装饰也非常讲究，内容丰富。

塔是一种宗教建筑。它们作为建筑艺术发展过程中的实物例证是极其宝贵的。

千塔之最——嵩岳寺塔

唐朝诗人杜牧的《江南春》诗中写道：

千里莺啼绿映红，水村山郭酒旗风。
南朝四百八十寺，多少楼台烟雨中。

诗中反映出东晋和南朝佛教的兴盛，当时僧尼很多，因此广建佛寺。其实北朝佛寺建造规模更大，仅北魏都城洛阳就有1300多座寺庙，甚至北魏宣武帝拓跋元恪（kè）曾于永平二年（510年）在闲居寺“亲讲佛书”。

闲居寺原是宣武帝的离宫，后来改为寺庙。隋代仁寿二年（602年）改为嵩岳寺。它位于洛阳东南登封县嵩山南麓（lù）。这里有一座佛塔，名叫“嵩岳寺塔”。它在现存的上千佛塔中是最古老的一座。

嵩岳寺塔高约40米，塔壁为砖砌，厚约2.45米。塔外部的外檐分为15层，内檐则分为10层，它的横截平面为一个12边形（如图），在我国现存古塔中此形是唯一的。

全塔由塔基、塔身、密檐和宝刹构成。基台高0.85米、宽1.60米，塔前有一与基台同高的月台。塔身四面开券门，可以通塔室。门洞很高，门额作尖拱状，拱尖饰“山”字形莲花瓣，两券角作外旋涡状。塔身中段有一周腰檐，把塔身分为上下段。下段为素面无装饰，上段塔身各角砌出的倚柱半隐半现，显露的部分为六边形，柱头装饰成莲花和火焰宝

嵩岳寺塔外观

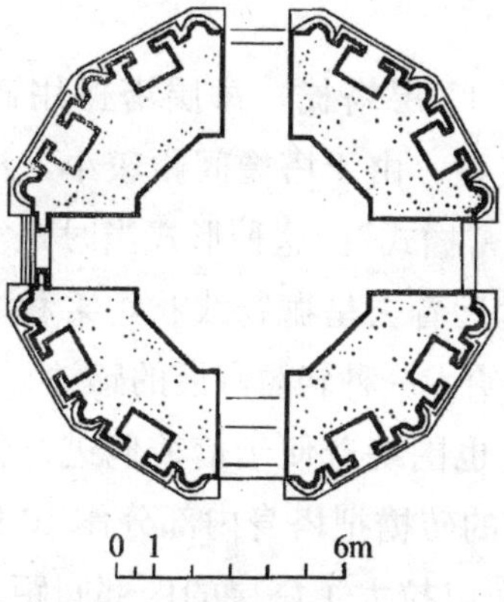

嵩岳寺塔平面

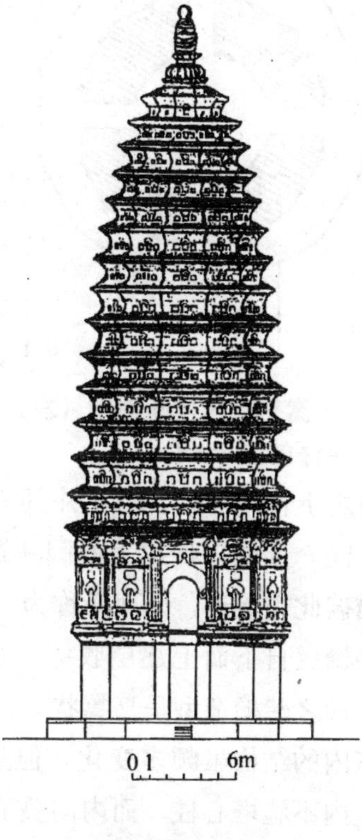

嵩岳寺塔立面

嵩岳寺塔外观（左上）、平面图（左下）和立面图（右）

珠的形状，柱基为覆盆状。除辟门的4个面外，其余的8个面各砌雕着一座佛龛（kān），佛龛是单层方塔式的壁龛。佛龛是凸出的，正面辟有尖拱状龛门，可以进入龛室之内；龛顶是须弥座、山花、蕉叶、覆体、叠檐、受花等，是通常佛塔上的雕琢物；龛下部基台正面，各雕有两座砖狮，全塔共雕16座，狮形有蹲有立、或正形或侧身，姿态朴实无华，但是造型刚劲有力。佛龛内平面是一个长方形，是供奉佛像之处，它的

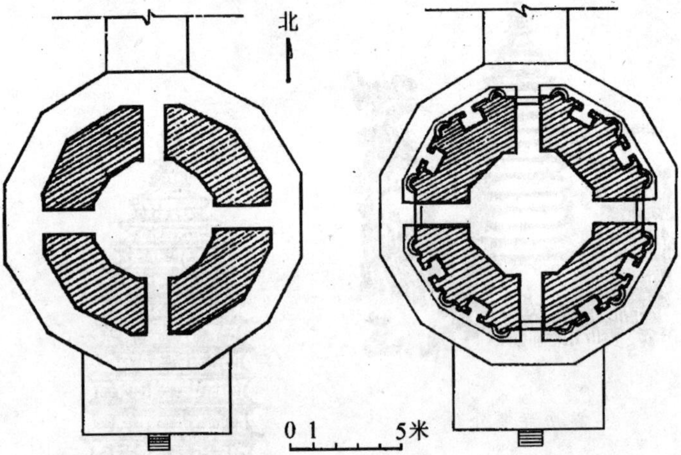

嵩岳寺塔横断面图（左：塔身下段；右：塔身上段）

内壁尚有残存的彩绘图案。

塔身之上尚有 14 层塔，并间有 15 层塔檐，每层塔檐用砖块叠涩（sè）砌出①，形成多种柔美的圆弧造型。由于塔檐间距较小，从视觉上觉得塔檐彼此很接近，因而又称为“密檐式”。这种形式当时是没有先例的。这些檐层自下而上逐层收缩，远远看去呈抛物线状，柔和之中又富有弹性。加之砖檐造型呈鸟翼状，又给人一种轻盈舒展的感觉。

塔室内的结构虽颇多变化，但是也围绕着便于信徒们进行佛事而设计。塔室内不施塔心柱，而内向叠涩的砖檐把塔身内部分作 10 层，这与外壁 15 层密檐的层数是不相符的，所以拉大了塔层的内部间距。塔室下层平面仍然是 12 边形，而从第二层开始到顶层为止则改作 8 边形，塔内呈中空筒状。

塔身的檐与檐的外部矮壁上，每一面都砌有装饰性的拱状门和破子棂（líng）窗，共计 500 个左右，其中只有少数几个门洞是内外相通的。塔的最顶部是结构复杂的砖雕宝刹，自上而下由宝珠、七重相轮、仰莲

① 叠涩是利用砖块或石料层层向外出跳跨空的建筑方法，流行于唐宋辽金时期，常用于墓室顶盖和砖塔或石塔的檐口。

状受花和宝装莲花式覆钵（bō）以及刹座组成，高约 3.5 米。这样，塔身和塔顶浑然一体，使它更显示出挺拔秀丽的美。

嵩岳寺塔开创了密檐式楼阁式塔的体系。这种砖石结构是为了防止火灾而采用的，但砖石结构不宜挑出远檐，不宜开门洞和窗洞，因而这种密檐式砖（或石）塔，不设或少设实用性门、窗、柱等，而且多用短檐，加强各层之间的连接。

嵩岳寺历经 1400 多年的风风雨雨，如今只剩清代建造的几座殿宇和山门。高塔虽长期剥蚀，却依旧屹（yì）立于嵩山而安然如故。这不能不说是建筑艺术史上的奇迹，堪与现代混凝土结构相媲美。所以建筑学家们认为，这可以看作是现代最为流行的钢筋混凝土高层筒形结构的雏形，在我国古代建筑史上占有重要地位。国务院于 1961 年将嵩岳寺塔定为全国重点文物。

历史名城——长安

长安（在今天的西安市）是一座古老的城市。它曾作为10个朝代的都城，前后长达1000多年，是建都的朝代最多、时间最长的城市。

最早在长安建都的朝代是西周，当时称“丰京”和“镐京”。战国时的秦国和统一华夏的秦王朝定都在咸阳城，秦始皇在此修建了阿房宫。由于秦朝的残酷统治，迫使农民起义，阿房宫也被付之一炬。大规模的城市建设是西汉刘邦定都于此才开始的，并正式定名为“长安”。西汉长安的城郭已经很大了，经勘测城围约21500米，城市面积已近6500公顷，人口达到30万之众。它不仅规模庞大，而且城市的各种功能（如交通、商贸、文化）十分发达，各种基础设施也比较齐全，成为当时的政治、经济、文化的中心，堪与欧洲的罗马城相媲美。

西安城的城楼（右）及箭楼

由于东汉末年的战乱使长安城遭到极大的破坏，虽然魏晋南北朝时期有一些王朝定都于此，但都为时不长，长安的建设只是维持原来的规模而已，各方面都远不及西汉时期。隋文帝统一中国之后，对残破不堪的长安非常不满意，离其旧址进行重建都城。他命著名的建筑家宇文恺主持这项设计和建造工作。新的城市更名为“大兴城”（隋朝灭亡后，唐代改名为“长安城”）。

新的长安城周长达到 36 千米，呈长方形。城的四面各有三座城门，南北有 11 条大街，东西有 14 条大街。最宽的一条大街是朱雀大街，它有近 150 米宽。城市面积约 84 平方千米，人口达百万。

长安城的宫殿群有三处，即最早在城内北部修建的太极宫、唐太宗李世民为他的父亲在城东北修建的大明宫，以及唐玄宗李隆基在原来兴庆坊修建的兴庆宫。太极宫内有 16 座大殿和许多楼台阁廊等，宫城南面是皇城，其中是朝廷的各种办公机构。在唐高宗之后，历代皇帝都居住在大明宫，其内有宏伟的含文殿和后来修建的麟德殿。兴庆宫的规模也很大，其中也有许多豪华的宫殿，主要是供唐玄宗享用。这 3 座皇宫形成了三足鼎立之势。

整个长安城的布局十分严整，除了皇宫和中央官署衙门之外，就是众多的坊里。以朱雀大街为界，左右各有 55 个坊，共 110 个坊。坊里的排列有一定的象征意义，如太极宫的坊里数目是 4 列、9 排。4 列表示一年有四季，9 排表示《周记》中“王城九逵”之数；太极宫两侧各有 13 排坊里，这表示一年 12 个月再加闰月。坊里之间有墙分隔。大坊可开 4 个门，小坊开 2 个门。坊里的管理也很严格，日出开坊门，日暮敲街鼓关坊门，夜间禁止行人在街上走动。此外还规定，普通百姓和品级较低的官吏房门只能向坊内开，三品以上的大官才可以在坊墙上开门洞。由于官吏住房面积太大，造成贫富之间极大的差距，例如郭子仪家有 3000 余人，占亲仁坊的 1/4。普通人家居住条件较差。当白居易初到长安之时，携诗文去拜访诗人顾况。顾况看到他的姓名，开玩笑道，“长安米

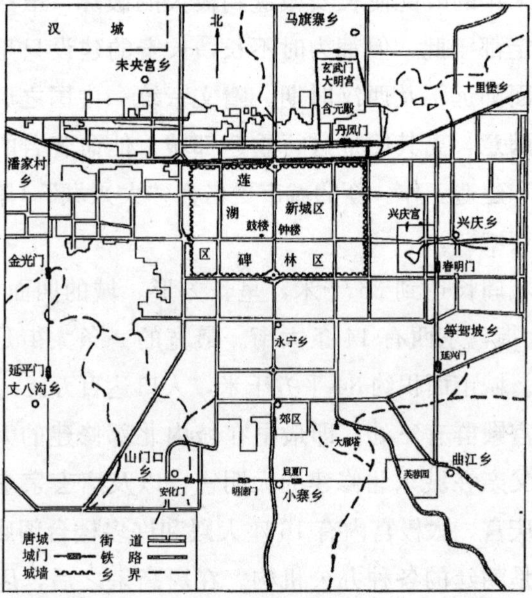

唐长安城平面图

贵，'居'之不'易'"！

像一般的城市一样，长安也有极大的市场，全市以朱雀大街为界，分东市和西市。东市主要为贵族服务，西市有许多"外资"店铺，成为国际贸易场所。西市南北长1000多米，东西宽900多米。为了管理和税收的方便，把市场分作9块，220个行，如珠宝行、大衣行、绢行、鞍辔行、称行等，店铺和手工作坊极多。由于西市人们的生活不够方便，中唐之后，坊里之中也开设了一些店铺和作坊，甚至还开了夜市，使城市生活更加热闹。

长安市内的寺观也遍布全城，有僧寺81座、尼寺28座、道观30座、女观6座、波斯寺2座、胡祆祠4座。许多寺都对称地分布于某些主要街道的两侧。有些寺庙的面积很大。寺观之中有些著名的建筑，例如，著名的大雁塔和小雁塔就分属于慈恩寺和荐福寺。

长安作为首都，还居住着全国各族的同胞和世界各国的使节、商人和留学生。在长安城内人们进行各种商业、文化上的交流。同时，长安城建筑技巧和规划布局特点也对当时的日本、新罗等邻国产生了很大的影响，例如日本古都平城京、平安京都是模仿长安城的坊里布局，甚至某些街道、商市的名称也一样。

唐末之时，黄巢起义攻占了长安城，建立了大齐政权。3 年后，起义失败。各地勤王队伍攻占长安后，对长安也进行了破坏。特别是朱温把唐昭宗劫往洛阳时，不仅命居民一同迁走，而且把宫殿和民舍也全部拆毁。这样，长安城曾一度成了一座废墟。

最古老的“敞肩拱桥”——赵州桥

在华北地区流传着一首民谣：“沧州狮子、景州塔，正定菩萨、赵州桥。”这里仅仅讲述赵州桥的故事。

河北中部的赵州（今赵县）城外有一条洨（xiáo）水（今洨河）。相传，在春秋战国间（公元前5世纪），河上原有一座木桥，因为山洪暴发而被冲垮。这给当地百姓的生活和生产带来了诸多不便。鲁班爷（公输般）见此情景，就造了一座石桥，张果老和柴王爷来此测试石桥的载重情况。张果老骑着驴，驴身上的褡裢（dā lian）中装着太阳和月亮，走了一个来回，桥身安然无恙（yàng）。柴王爷推着一辆车，车上载着四大名山，走了一个来回，也奈何桥不得。两位仙人技穷，只得罢休。他们走后，只是在桥面上留下了几个驴蹄子印和一道车辙（zhé）沟。

这座赵州桥是一座单孔弧券（quàn）拱桥，全长50.8米，宽约10米，净跨37米，拱矢高度7.2米。它的券身是用28道并列的单券构成的。桥的跨度大，矢高较小，而且比例很合适，使桥上的行人和过车方便省力，桥下的往来船只互不影响。为了使桥身更加稳定，在券身上加砌一层伏石，增加钩石以钩住大券的外表面；券之间用铁条来加强联系，相互约束。从设计上还考虑到，必须使各个单券石尽量向中心自然倾压。

大桥设计者的匠心还表现在桥两端各开两个小圆拱的妙思上。这两对小圆拱也称为“空撞券”，它们的跨距分别为4米和2.7米。这种空撞券有两个功能：一来可以减轻桥的自重的1/5，节省了不少的石材和其他费用。二来在洪水来临时，水面升高后，减小了对桥身的侧压力；增加了 4 个空撞券孔，就可以加大泄水面积。由于添加了 4 个小圆拱，后人也将这种桥称为“敞（chǎng）肩拱桥”。这种建桥技术至今还在应用，后人在此基础上形成了新的“双曲拱”技术。

从石桥设计的艺术性上看，单拱飞架洨水之上，仿若一道飞虹，线条极其舒畅，使人感受到它的柔性美；它的曲线的扩张感，也使人感受到它的刚性美。两对对称的小圆拱还消除了一道飞弧的孤寂和单调感，

李春设计赵州桥

在分担大桥的压力之外，还调整了人们心理上的平衡感。在桥面两侧还装有 42 块栏板，上面所刻的龙兽之类的浮雕，栩栩如生。栏板之间还有 44 根望柱，个别望柱上也雕有狮首石像。在仰天石和龙门石上分别装饰

有莲花和龙头。这些石雕的刀法古朴苍劲，布局变化多端，充分显示了隋代石雕艺术的价值和特有格调，具有很高的价值，令人叹为观止，引以为豪！

赵州桥的建成大大方便了南来北往的交通，唐代桥上过往的行人与车马十分繁忙。

如此壮观的大石桥果真是春秋战国间的公输般建造的吗？不。那么它到底是谁设计和施工的呢？根据张嘉贞的《安济桥铭》（安济桥就是赵州桥），赵州桥是隋代的建筑工匠李春建造的。我们可以推想，在当时建造这种拱形结构的原理可能是从砖墓墓顶的拱券形式借鉴而来。李春的这种创造精神是值得称颂的。

欧洲类似的拱形桥梁直到 14 世纪才出现。这就是法国泰克河上的赛雷桥，它比隋代的赵州桥不但晚了 700 多年，而且早已毁坏。赵州桥依然保持它的雄姿而至今不坏，这不能不说是世界桥梁建造史上的一大奇迹吧！

昭陵和乾陵

古代皇帝和王妃的墓葬一般是十分讲究的。唐代的昭陵（唐太宗李世民墓）和乾陵（唐高宗李治和武则天墓）是唐代陵墓的代表。

唐太宗虽然是唐朝第二代君主，实际上却是唐朝的开国之君。在位期间出现了所谓的“贞观之治”的昌明之世。他的陵园——昭陵位于西安礼泉县的九嵕（xiáo）山。陵园周长 60 千米，面积达到 2 万公顷。

陵园的营建工程是著名艺术家阎立德和阎立本兄弟共同设计的。唐代陵墓因山为陵，实际上是从昭陵开始的，改变了过去堆土为陵丘的做法。

昭陵的墓室很深，设有东西两厢来列置装有殉葬品的石函。陵山北面列置贞观之时 14 个少数民族首领的石刻像，并在东西两庑放置了夸耀李世民战功的“六骏图”——“青骓（zhuī）”、“什伐赤”、“特勒骠”、“白蹄乌”“飒露紫”和“拳毛騧（guā）（后两骏现藏于美国费城的宾夕法尼亚大学）。这 6 匹石刻骏马是非常珍贵的艺术品。

陵园内还有 167 座皇眷、贵戚和功臣的陪葬墓，其中埋葬着长乐公主、新城公主、城阳公主，著名谏臣魏征，战功卓著的李靖、李勣（jì，徐懋功）、程知节、尉迟敬德等，以及在贞观之治中作出贡献的“后生”马周等人。

陵园内还有一些重要的碑刻，它们的艺术价值和历史意义非同一般。出土的大量各种陶俑不仅反映当时丰富多彩的文化生活，而且反映出当

昭陵六骏之一——青骓

昭陵六骏之一——白蹄乌

时中外经济文化交流的盛况。

乾陵是李世民之子唐高宗李治和他的皇后武则天的合葬墓，位于西安市西北的乾县。陵园中有大量的石刻，例如华表、石人、石马、石狮、朱雀、翼马等，以及参加唐高宗葬礼的少数民族首领和友邦特使雕刻的

乾陵

石像。

陵园中有两座巨碑。西边碑是武则天撰文、唐中宗书写，碑文称颂了唐高宗的文治武功。东边碑是无字碑，这是武则天夸耀自己，并表明其功高德厚难以用文字表述的意思。

陵园中还有17座陪葬墓，已发掘出来的有永泰公主、章怀太子（李贤）、懿德太子（李重润）、薛之超、李谨行等墓。这些墓的地面形制和内部结构大致一样，墓的四周有围墙，墓穴中有墓道、过洞、天井、甬道、前室和后室组成，象征着多层次的深宅大院。这些墓中出土了大量的文物，包括各种陶俑和许多壁画。在壁画中，顶部有日月星辰，四周还有各种人物、禽兽等。像“侍女图”、“客使图”、“马球图”、“出行图”都是珍贵的历史资料，“建筑图”还反映了当时的建筑形式，对研究唐代建筑极有价值。

陵园中的李治和武则天墓尚未开掘。经现场勘察，隧道墓门都用层层石条填塞，它的缝隙用铁汁浇铸封闭。这与历史记载是吻合的。这种封闭墓室的方法是不多见的。也正因为如此，经过近1300年的时光，这个陵墓仍未开掘。可以想象，这样一座完整的皇陵，一旦掘开，必然会令世人震惊的。

文成公主与布达拉宫

在唐太宗时期，西域国家都与唐朝交往。当时的西藏有一个强大的部落——吐蕃，它的首领名叫松赞干布。松赞干布不但善于骑射和击剑，而且能歌善诗。为了学习唐朝的文化，他派使者到长安，与唐朝建立了友好的关系，唐太宗也派遣使者进行回访。后来，松赞干布向唐朝求亲，但开始并没有如愿。大约在贞观十四年（640年），松赞干布又派使者带着厚礼来到长安求亲。这一次，唐太宗同意了，他在皇族中挑选了一个温柔聪明的女子，把她封为文成公主后，许配给松赞干布做妻子。

次年，24岁的文成公主动身去了吐蕃。公主随身带了许多嫁妆，除了金银珠宝和绫罗绸缎之外，还有一些吐蕃不产的谷物、果品和蔬菜的种子、蚕种和药材以及反映汉族文化的大批书籍，其中包括医药、植树、天文历法和工程技术方面的书籍。

松赞干布亲自到今青海省的柏海（在札陵湖附近）同文成公主完婚。从此文成公主就开始了她在西藏近40年的生活。

文成公主信仰佛教。在修建大昭寺时，她主持设计工作，她亲自审定建筑图样，考察地势，处理沼泽的地基问题，同时还有许多汉族工匠参加施工，因此大昭寺的主殿保持着汉族建筑的风格。

松赞干布与文成公主成婚之时，曾当众宣布要为新婚的妻子建城。当时选择了红山来修筑城堡。起初修建了白宫，并以此为中心修建了一组宏大的建筑群。这个建筑群就是布达拉宫。布达拉是音译，梵文是普

西藏拉萨布达拉宫

陀罗，就是“佛教圣地观音世界”的意思。

遗憾的是，唐代建造的布达拉宫几经沧桑，已不复存在了。当时的建筑仅剩下佛堂一座。据说，松赞干布和文成公主的塑像幸免于难。现在的布达拉宫是明朝末年的五世达赖喇嘛阿旺·罗桑嘉措开始修建的。先建造的是白宫，这是达赖生活起居和政治活动的场所。后又建筑了红宫。红宫的建造持续了半个世纪，费用是2134138两白银。后来，达赖七世又修建了罗布林卡建筑，人们将它称为“夏宫”，而把布达拉宫称为“冬宫”。

新的布达拉宫占地约10万多平方米，高约100米，东西长约400多米，南北深约140米。主体建筑有600余间，包括大经堂、小经堂、佛堂、灵塔殿、办公室、起居室和喇嘛寺等。布达拉宫是西藏现存最大和最完整的古代高层建筑，也是世界上著名的古建筑之一。

白宫的主体建筑是5层高的楼房。最上层是达赖卧室，其下各层为摄政王、皇帝钦差大臣、工臣会议室和蒙古亲王的会议室。东大殿近似方形，由此直上三层楼，便可以到达白宫最高处，从那里可以俯瞰拉萨城。由于达赖的住室终日普照阳光，俗称“日光殿”。西日光殿是十三世达赖的住处，东日光殿是十四世达赖的住处。其中有各种珍宝以及嵌满珠宝的法衣和法具等，室内陈设极其豪华富丽。

从东大殿西行，便可以到达红宫。红楼高 9 层，其中有著名的西大殿，它有 48 根大柱。大殿的斗拱和梁枋上绘有彩画，或雕镂佛像、狮虎、凤、八吉祥、七宝、云纹、宝相花、卷草等图案。殿内四壁都绘有壁画，悬有乾隆所题的匾额。通常达赖坐床受中央册封和亲政等仪式都在这里举行。五世达赖的灵塔殿、南佛堂、北佛堂和东佛堂都在此地。灵塔殿高 15 米，塔身用金箔包裹，耗金 3724 千克。塔身上还嵌满了名贵的钻石、珍珠、红蓝宝石和玛瑙等珍宝。

布达拉宫的最高殿堂是萨松朗杰（胜三界），殿内供有乾隆画像。从七世达赖起，每年藏历初一都要在这里向画像和牌位朝拜。在燃灯节（藏历十月廿五日），达赖要在这里开窗俯瞰全城。

十三世达赖的灵塔殿内，有一座金线穿 10 余万颗珍珠而成的珍珠塔。它在布达拉宫的 8 座灵塔中是最珍贵的。

布达拉宫中的陈设非常华丽，有数以万计的壁画。主要内容是传记、经典、宗教神话、礼仪习俗等。西大殿二楼壁画中有关于修建布达拉宫的场面，这对于研究西藏古代施工技术是宝贵的资料。布达拉宫中佛像众多，据统计，它有大小佛像 20 万尊以上，有铜、铁、金、银铸像，有木、石、玉、骨雕像，还有漆塑和泥塑佛像。宫内外还有大量的石雕栏杆、栏板、须弥座等，雕刻技艺纯熟，形象生动。

布达拉宫不愧为“世界屋脊上的明珠”。它可以同国内的万里长城和北京紫禁城媲美，在国际上也可以与古埃及金字塔、希腊帕台农神庙和古罗马教堂齐名。

天 地 篇

祖冲之

在南朝刘宋顺帝之时（477 年～479 年），北朝来了一位使者，名叫索驭驎。他自称能制造指南车。他真的能造吗？南朝人对此的怀疑是有道理的。因为他们曾于早些时候得到北朝人制作的指南车，这部指南车的指示方向是靠一个人藏在车内运转的。既然索驭驎说能造，就找来了祖冲之与他比试比试吧！

其实在此之前，祖冲之对缴获的指南车产生了兴趣，并且造出了指南车。人们评价道，自从三国时期魏国的马钧造出指南车之后，祖冲之是唯一能造出指南车的人。这次与索驭驎比试的结果，以索败而告终。

祖冲之，字文远，范阳郡（今河北涿州市）人，祖上几代都研究历法。祖冲之的祖父祖昌曾在刘宋王朝担任过大匠卿，这是个管理土木工程的官员，这对祖冲之很有影响，他对许多器械都产生了兴趣。

据说，晋代的杜预对欹（qī）器曾有研究，但是三次制作，都未成功。欹器是什么东西呢？孔子在带领学生参观鲁桓公庙时曾向学生讲解了欹器的原理。欹器是一种重心可变的装置。空时，它是倾斜的；灌水六七成满时，它就正过来了。灌满水时，它又扣过来将水洒出一部分。“欹”字义就是“倾斜”的意思。由于竟陵王肖子良好古，祖冲之曾为他制作了鲁桓公庙中的那种欹器。

相传，诸葛亮设计制作过“木牛流马”，在《三国演义》一书中有神奇的描述。有一种说法认为，那是一种独轮车，是诸葛亮和发明家蒲元设计制作的，祖冲之也制作了类似的装置。他还制作“千里船”，可以日行 50 多千米。他制作的“水碓磨”，利用水力运转，可以舂（chōng）米磨面，节省了人力和畜力。此外，他还研制出计时器等器械。

由于祖冲之在科学技术上作出的巨大贡献，他在世界科技史上享有崇高的地位。人们将月球背面的一座环形山命名为“祖冲之环形山”。我国的天文观测者还将他们于 1964 年发现的一颗编号为 1888 的小行星命名为“祖冲之小行星”。

祖冲之的圆周率

我国著名的桥梁专家茅以升先生年轻时，为了锻炼自己的记忆力，曾经记忆过100位的圆周率值（通常用希腊字母π表示）。这对青少年热爱科学、追求真理是一个激励。有许多青少年朋友也在比赛记忆π值，并很快超过了100位。国际上测验人们的记忆力也常常把记忆π值当作一个内容。

怎样计算π值呢？由于π值是圆周长与直径的比值，因此分别测量这些数值就可以求出π值，就是：

$$\pi=\frac{\text{圆的周长}}{\text{圆的直径}}$$

在实际测量过程中，人们发现π值是个常量，但却是一个无理数（就是不能用分数表示的值）。

我国古代的许多数学家都曾对π值进行过计算。汉代以前，对于π值的认识是很粗略的，就是“周三径一”，也就是$\pi=\frac{3}{1}=3$。这样的π值精确度很差（误差约为5%）。因此，汉代的一些科学家采用了不同的π值。例如，新莽时期的刘歆（xīn）设计制作铜斛（hú）时，采用$\pi=3.1547$；东汉著名科学家张衡采用$\pi=\sqrt{10}\approx3.1622$来计算球体的体积；三国时的吴人王蕃则采用$\pi=\frac{142}{45}=3.1556$。这些π值比汉代以前已经大有改善，它们的误差约为1%～2%。

第一个在古书中记载圆周率计算的论证方法的数学家是魏晋时期的刘徽。他所发明的方法称为“割圆术”。简单地说，这种方法就是利用圆内接正多边形的方法来计算圆周率。当正多边形的边数逐渐增大到足够多时，可以认为正多边形的面积约等于圆的面积。

刘徽从正6边形开始计算。已知正6边形的一边，可以算出正12边形面积；已知正12边形的一边，可以算出正24边形面积。刘徽假设圆的半径为1尺，他一直算到正96边形的边长，进而算出了正192边形的面积，由此近似得到 $\pi=3.141024$。他所采用的 π 值是3.14或 $\frac{157}{20}$。

在刘徽之前五六百年，古希腊学者阿基米德就已经提出了这种方法。但是二者是彼此独立地得出的，具体方法也稍有不同。阿基米德的方法是同时采用内接和外切正多边形来逼近圆面积，而刘徽的方法则只采用内接正多边形。

刘徽的方法虽然好，但是他具体算出的圆周率值仍然不够精确。祖冲之不满足这样的 π 值，便进行了更周密的计算。

祖冲之以一丈作直径，并把它分为1亿份，最小的单位是1忽。这样，当他计算到内接正96边形的边长时，π 值恰好是3.141024，这就是刘徽计算的 π 值。祖冲之继续计算下去。随着圆内接正多边形的边数逐渐地多起来，计算也越来越复杂。把它画出来也是相当困难的，画到正12288边形时，每条边长仅为0.00025566丈，要针尖才能将它画出来。

经过数年的艰苦努力，祖冲之完成了正24576边形的计算工作，从而推出

$$3.1415926<\pi<3.1415927$$

按照古人的习惯，π 值用分数值表示为

$$\pi（约率）=\frac{27}{7}$$

祖冲之精求圆周率

π 密率）$=\frac{355}{113}$

古人的计算工具是算筹。这是用木、竹或骨质小棍来表示数字和数位，计算起来是很繁琐的。它一直沿用到明代。祖冲之就是利用这样的工具完成可以精确到小数点后六位的圆周率。由此可以想见，祖冲之要付出多大的劳动！

大约到 1000 多年以后，德国人奥托和荷兰人安托尼兹才达到这个纪录。西方人习惯上将这个值称为“安托尼兹率”。日本的数学家二上义夫和别的国家的一些数学家则认为，这个值应当称做“祖率”，以纪念杰出数学家祖冲之的贡献。

祖冲之还写过一本重要的数学专著《缀术》，唐朝把它作为学校的教材，并规定四年学完，可见其内容深奥和丰富。可惜的是，它已失传了。

由于祖冲之在数学上的成就，他被古人称做“算氏之最者”，体现出当时最高的数学水平。

《大明历》

在三国时期，国家的分裂也造成了历法上的各行其是。首先是东吴，孙权称帝的第二年（223 年）就颁布了东汉未曾实施的《乾象历》。曹魏的明帝曹叡（ruì）于景初元年（237 年）颁布了尚书郎杨伟制作的《景初历》。唯独蜀汉，出于政治上的原因，仍沿用汉代的《四分历》。一般来说，《四分历》的误差是比较大的。相比之下，《乾象历》和《景初历》要先进些。

到南北朝时期，国家处于更大的分裂状态。北方的个别少数民族国家也施行了自己的历法。例如，后秦姚兴（395 年～416 年在位）曾颁布施行姜岌（jí）于 384 年编定的《三纪甲子元历》。北凉沮渠蒙逊于元始元年（412 年）颁布施行赵歐（fěi）编定的《元始历》。南方则有宋朝何承天编定的、于元嘉二十二年（445 年）颁布施行的《元嘉历》，梁朝天监九年（510 年）颁布施行的祖冲之制定的《大明历》。

《元嘉历》和《大明历》比起以前的历法来是有些特点的。何承天的舅父徐广积累了 40 多年的天文观测记录，何承天本人又积累了 40 多年的记录，因此，何承天编制《元嘉历》的观测基础是很好的。此外，何承天也采用了一些先进的数学方法，以求得精密的朔望月数值。

祖冲之在前人的基础上创立了《大明历》。刘宋孝武帝刘骏曾派祖冲之到讲学和藏书之所“华林学园”担任职务，以研究天文理论。他对于当时已算得较精确的《元嘉历》仍然不满意，决心制定更好的历法。尽管祖冲之的祖父祖昌与何承天是同僚又是朋友，而且祖冲之也随何老先生学过天文理论，祖冲之与何承天之间仍在学术上有不同见解。祖冲之的父亲祖朔之因此训斥过他，但是祖冲之仍然坚持己见。

在祖冲之 33 岁时，终于提出了《大明历》。新历法纠正了《元嘉历》中的一些缺陷。例如置闰的问题。我们知道，阳历的一年是 365 天多，阴历的一年比阳历要少 11 天多，而中国的传统历法一般都是阴阳合历。为了把二者调整得一致起来，就得采用设置闰年的办法。何承天沿用的是 19 年 7 闰的周期。祖冲之计算之后，得出这种置闰之法约 240 年相差一天。因此，他认为每 391 年安排 144 个闰年可以更精确些。其实，何承天制定《元嘉历》时，有些学者就曾提出了新的置闰周期，就是 600 年置 221 个闰年，但是何承天墨守成规，未能加以采纳。

对于西晋时虞（yú）喜提出“岁差”理论，祖冲之很重视，并且把这一理论引入了他的《大明历》中。首先祖冲之利用土圭测量日影的方法，证明太阳每年在天球上绕一周后（当时全世界流行“天动说”），并不是回到原来的地方，而是有微小的差别，这就是岁差。何承天也知道“岁差”理论，但是未把它用在《元嘉历》之中。

祖冲之测出月球绕地球一周的时间是 27.21223 日（现代值是 27.21222 日），这为日食和月食的准确推算提供了有利的条件。他还确定下来一个回归年（就是一个冬至点与下一个冬至点的时间间隔）是 365.242814811 天，这与现代值相差$\frac{1}{6\times10^5}$。

新历法交到刘宋孝武帝的手中之后，孝武帝让大家评议新历法。

朝廷内的许多保守人士认为，这样一个官微职小（祖冲之是镇江的一个小官）的人物竟敢违背古人之制，是一种“诬天背经”的行为。孝武帝的宠臣戴法兴顽固保守，不信任祖冲之的能力，他的反对意见集中在两个问题上，就是岁差和置闰。

戴法兴认为，19 年 7 闰的古制不可更改。按照祖冲之的方法，每

7429 年就要少一个闰月，这是要出问题的。祖冲之针对戴法兴的保守和武断的意见指出，古今的星象是不断变化的，不应当“信古而疑今”。

孝武帝对辩论不置可否。然而，掌管司天监的中书舍人巢尚之，把天文观测记录同祖冲之的新历法对比之后，发现祖冲之的历法与天象符合得更好些。这样，孝武帝决定，于大明九年（465 年）颁布施行《大明历》。遗憾的是，大明八年（464 年）夏，孝武帝去世，《大明历》也就被束之高阁了。

在祖冲之去世后 10 年，梁武帝萧衍于天监九年（510 年）正式颁布施行《大明历》，并沿用了 80 余年。后来，辽国也使用《大明历》，沿用了 217 年之久。

祖冲之的《大明历》像《元嘉历》一样，也不是尽善尽美的。例如，戴法兴提到“日有缓急”，以此反对祖冲之的置闰方法。这种说法本来是一种很有意义的猜想，说明太阳的视运动①是不均匀的。祖冲之却以“未见其征”为由而简单地否定了这一有价值的猜想。100 多年以后，北齐的张子信经过 30 余年的观测证明了“日有缓急”的说法。此外，杨伟和何承天的某些方法确实比较简便，祖冲之也未加以利用和发展。祖冲之如果能够审慎地判断和研究这些问题，对于新历法的制定是有意义的。

① 太阳的视运动：这是太阳每年巡天一周的运动。实际上，九大行星绕太阳公转，所看到的太阳运动就称做“视运动。”

祖氏父子共求解

刘徽在注解《九章算术》时，对于书中的一个结论产生了疑问，就是球的体积与它的外接圆柱体体积之比刚好等于球的对半截面积与它的外接方面积之比（以球直径为外接正方形的边长）。后者之比是$\pi:4$，但是前者之比却不一定。刘徽未能解决前者之比的问题，但是他明确指出“牟合方盖”（就是垂直相交的二圆柱体的共同部分）与球体积之比才是$\pi:4$。而二者的体积公式，刘徽却未能求出，并且希望以后的数学家能加以解决。

刘徽的问题被祖冲之和他的儿子祖暅（gěng）天才地加以解决了。他们求得“牟合方盖”$V_{方}$与球体积$V_{球}$球之比为$4:\pi$，就是

$$V_{球}:V_{方}=\pi:4,$$

$$V_{球}=\frac{\pi}{4}V_{方}=\frac{\pi}{4}\cdot\frac{2}{3}D^3=\frac{1}{6}\pi D^3$$

其中D为“牟合方盖”的圆柱体和内球体直径。

需要指出的是，古希腊学者阿基米德已经解决了球体积的计算问题，这比祖氏父子早七八百年，但是后者的推导是极有特色的。

这里提到的祖暅也是南北朝时期的著名数学家，他的生卒年代已不可考证了，他也像他的父亲祖冲之一样博学多才。

祖暅负责过治理淮河的工程。他主持修建过拦河坝，不幸被洪水冲毁，这使他被判徒刑。

祖暅对历法很有研究，曾于梁武帝天监三年（504 年）和八年（509 年）两次提出过修订历法的主张，并建议用他父亲的《大明历》代替何承天的《元嘉历》。经过祖暅的努力和天文观测的检验，朝廷才决定采用新历。他也留心于古代的观测记录，并据此撰写了《天文卷》30 卷和《漏刻经》1 卷。

祖暅极重视数学的研究。他同父亲一起撰写《缀术》一书。在父亲去世之后，他又对这本书进行了整理和编订。这本数学专著是较为艰深的，在唐朝被指定为国家的数学教材，李淳风等人为《缀术》做过注解。

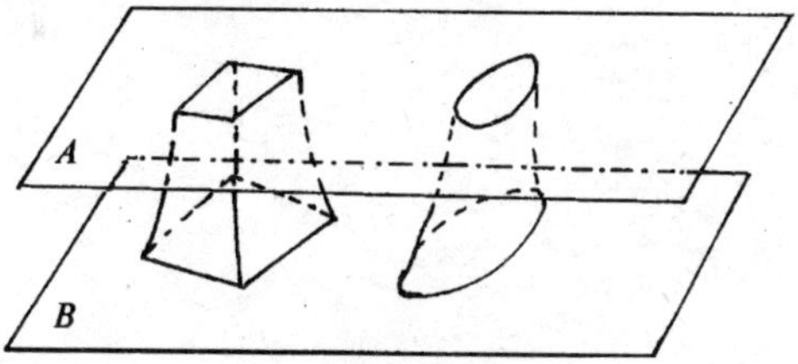

祖暅原理示意图

在数学研究中，祖暅最大的成就是他提出了“祖暅原理”，也称做“等积原理”。

这条原理的文字表达是：夹在两个平行平面间的两个几何体，如果被平行于这两个平行平面的任意平面所截，截得的两个截面的面积总是相等，那么这两个几何体的体积必相等。

从图示可以看出，平面 A 和平面 B 对两个几何体平行地相截，其截面总是相等，那么二者的体积也相等。

这个原理的发现者可能是祖冲之和祖暅父子，因而可以称为“祖氏原理”。但是，李淳风认为是祖暅发现的，所以也可以称为“祖暅原理”。祖暅的原话是：“缘幂势既同，则积不容异。”其中的“幂”就是截面面积，“势”是高。所以，这两句话讲的是，如果两个几何体等高处截面积都相等，那么它的体积不可能是不相等的。

西方人称这个原理为“卡瓦雷利原理”，认为它是伽利略的学生、意大利数学家卡瓦雷利发现的。但是他的发现比祖氏父子晚了 1100 年左右。

祖暅的儿子祖皓（hào）也是一位科学家。遗憾的是，梁末“候景之乱”时，祖皓被害，使这一历经几代的科学世家不幸中断了。

30 年的观测

关于行星运动规律有三条最基本的定律，这是德国人开普勒于 17 世纪初发现的。开普勒的研究成果的得来，除了良好的数学才能之外，主要是借助于第谷·布拉赫长达 30 多年的天文观测数据。长期的、持续的观测资料是天文研究必不可少的基础。

无独有偶，中国南北朝时期，北齐的天文学家张子信也曾因避乱而到一海岛，在这个海岛上他坚持了长达 30 年的天文观测。

张子信生于河北省清河县。有的史书上说，他为了安静而到山中(不是海岛)。朝廷征他为“尚药典御”，此后又征他为“太中大夫”，他都拒绝了。在山（或海岛）中，他只是一心一意地进行天文观测，并坚持了 30 年之久。

在张子信之前，东汉时的李梵、苏统、贾逵等人都发现了月亮运行时快时慢。甚至贾逵还发现，月亮运行最快的地点是有变动的，变动周期约为 9 年。

张子信从观测中进一步发现，不仅月亮的运行有快有慢，太阳的运行也有快有慢；五大行星（水星、金星、火星、木星、土星）的运行轨道看上去有顺行、逆行、滞留和后退的现象。在张子信之后，人们又发现，月亮运行的快慢变化周期是 27 天多，这恰好是月亮绕地一周的变化。

后来，一些对太阳视运动变化规律的研究结果表明，在冬至和夏至时，太阳视运动速度分别最大和最小。五代时，王朴把行星运动变化与它们同太阳距离远近联系起来。

从贾逵到王朴的发现是很有意义的。开普勒把这种认识归结到他的等面积定律[①]（也叫开普勒第二定律）中。

张子信还首先发现日食产生的必要条件。就是当具备日食条件时，如果月亮在黄道（太阳的视运动轨道）北，就可以发生日食；如果月亮在黄道南，就不会发生日食。这一发现也是很有意义的。

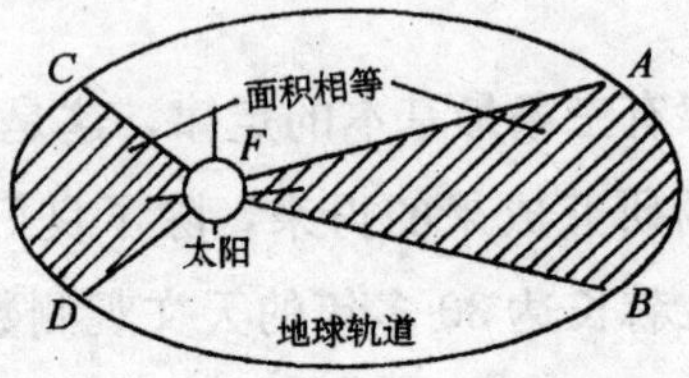

① 这条定律的意思是讲，行星与太阳的连线在单位时间内扫过的面积总是相等的。借助上图可以明白，行星从 A 到 B 和从 C 到 D 的时间相等，它扫过的面积 $S_{A}FB$ 和 $S_{C}FD$ 也是相等的。

奴隶发明家耿询

隋朝有一名奴隶制作了一台浑天仪，观测天象很精确。为此朝廷把他由家奴改为官奴。

这名奴隶的名字叫耿询，字敦信，丹阳（今安徽当涂）人。他擅长制作技巧，曾到过广东谋生。隋朝灭陈之后，他领导了反隋斗争。失败后被擒，他自言有技在身，于是便充当了隋将王世充的家奴。

耿询的朋友高智宝在太史局做事，他就向高智宝学习天文学方面的知识。不久，他制作了一台水运浑象，经过高智宝的测试之后，认为它的运行与实际天象的运行达到了“合如符契”的程度。

高智宝将耿询的制作才能奏明了隋文帝，文帝就把耿询由家奴改变为官奴，并且在太史局服役。他在太史局工作期间又制作了“马上刻漏”和“欹器”。隋炀帝看过之后，认为他不应该再当奴隶了，就让他成为平民。

耿询的“马上刻漏”可以称做是奇异构思的产物。刻漏就是壶漏、滴漏，本来是一种滴水定时的装置，不便移动。可是耿询却将它改造成一种可以携带的定时器，为军旅之中操作刻漏以定下时刻带来了方便。甚至他制的欹器也与滴漏相结合。在经过一定的时间之后，水滴注满了欹器，它就翻倒将水倾出。因而这种欹器就是一种定时器。

耿询的个人命运是很悲惨的。隋文帝曾把耿询赏赐给蜀王杨秀。后来有人告发杨秀要谋反，隋文帝就决定把杨秀的奴隶和佣人都处死。当时，有一位名叫何稠的大臣，认定耿询是个人才。他就向隋文帝奏道，耿询不同于别的奴仆，他的制作技巧对隋朝是有用的。这样，耿询的命才保住了。后来，隋炀帝发动攻打高丽（今朝鲜和韩国）的战争，耿询认为这种战争是不道义的，他就向隋炀帝上了奏本，认为这场战争是打不赢的。隋炀帝很不高兴，要斩掉他。还是由于何稠的死保，才使他免遭杀身之祸。

不过，耿询最终还是难免被杀。由于隋炀帝连年征战，百姓怨声载道。隋末爆发农民大起义，大大动摇了隋朝的统治，最后致使禁军将领宇文化及杀死隋炀帝。耿询要逃往关中，但还是被宇文化及杀死了。

隋唐的数学教育

隋唐时期，是中国古代数学发展的鼎盛时期，并一直持续到元末。

由于科学技术的迅速发展，例如隋代大运河的开凿、编制越来越精确的历法等，客观上也要求数学能够精确、简便地进行计算。为了培养大量的数学人才，隋唐政府对数学教育比以前是更为重视了。

我国古代的各级学校中原来都不设数学专业，直到隋朝的国子寺（相当于今天的大学）才开始开设了数学专业。

国子寺设置有博士 2 人，助教 2 人，学生 80 人，并由祭酒（相当于今天的校长）管理数学教学的业务。唐朝高宗显庆元年（656 年），国子监增设算学馆，设有博士、助教指导学生学习。算学馆有学生 30 人。显庆三年废除算学馆，博士以下的人员归到太史局。龙朔二年（662 年）又重设算学馆，不过学生减到 10 人。

算学馆的学生使用的课本有十种，有 15 人学习《九章算术》、《海岛算经》、《孙子算经》、《五曹算经》、《张邱建算经》、《夏侯阳算经》、《周髀算经》、《五经算术》；另 15 人学习《缀术》和《缉古算经》。此外，在十部算经之外还兼习《数术记遗》和《三等数》等。学习期限规定，《孙子算经》和《五曹算经》共学一年，《九章算术》和《海岛算经》共学三年，《张邱建算经》和《夏侯阳算经》各学一年，《周髀算经》和《五经算术》共学一年，《缀术》学三年，《缉古算经》学三年。

尽管唐朝开设数学教育，但是重视的程度还是远不够的。唐朝国子监中设六个学馆，就是国子、太学、四门、律学、书学、算学。这些学馆的招生情况也各不相同。例如，国子学的学生有300人，太学和四门各有学生500人，但是算学只有30人，后来又减少到10人。此外，算学人才也未能得到社会的重用，例如，国子博士的官品是正五品上，而算学博士的官品只九品下，这在官阶中是最低的。因此，全国读书人总的趋势是争取“明经”和“进士”二科，明算科为士人所不屑。甚至到晚唐之时，索性把明算科取消了。

尽管如此，唐朝对算学多少还是重视的。这样，使数学既为唐朝能编制像《大衍历》这样优秀的历法作出了贡献，又为宋元时期我国古典数学发展的顶峰作了必要的准备。

李淳风

在民间流传着许多关于李淳风的故事，例如，他曾同唐太宗李世民预测过武则天篡权的后事，认为李氏宗室的子孙会遭到杀戮，颇有神仙预言的意味。其实，李淳风是一位很有成就的数学家和天文学家。

李淳风是陕西凤翔人。由于他在天文历算上颇有研究，当朝廷在争论有关傅仁均制定的《戊寅元历》之时，李淳风也参加了，并且对这部历法发表了不同的意见，因此得到有关官员的赏识，并得以进入太史局，被封为“将仕郎”。这虽然是一个很小的文官，并且无实职，但这为他的科学研究创造了极为有利的条件。

到了太史局之后，他对观测天象的各种仪器很不满意，为此上书朝廷要求重铸。

李淳风于唐太宗贞观七年（633年）制造出新的浑仪。浑仪是测定星体位置的仪器。他造的浑仪由六合仪、四游仪和三辰仪三部分构成的，其中后者是新增的。三辰仪由黄道环、赤道环和白道环构成。黄道和白道分别是太阳和月亮的视运动轨道。赤道是天球赤道，是地球赤道面与假想的天球的交线。李淳风主持设计和制造的浑仪成为后代浑仪制作的典范，浑仪的规制已基本形成，后代只有个别规环的增减。李淳风的工作对于古代天文观测的发展是有重要意义的。

到唐高宗时，《戊寅元历》出现了较大的误差。这时，李淳风根据隋朝刘焯（zhuō）的《皇极历》编制成《麟德历》。李淳风在编制新历法时作了一些改进，并以1340为各种天体运行周期的奇零部分的公分母，使各种计算步骤大大简化了。

在天文学研究中，李淳风对彗星的运动规律有所认识。他认为，彗尾“夕见则东指，晨见则西指”。这种认识比西方要早900年。

李淳风曾为《晋书》和《隋书》编撰了“天文志”和“律历志”。在“天文志”中，他对有关的天文和气象记录进行了整理和分类，并对许多概念进行了注释。

在数学上，李淳风同别人一起注释了“十部算经”，为唐朝的数学教育作出了贡献。在注释这些算经时，也甄别了一些重要的历史事实。例如，在注释《九章算术》中的“少广章”的开立圆时，他记述了祖暅原理和球体积公式的研究成果，为我国保存了一条重要的科技史料。当然，李淳风也有不少错误的认识，例如他贬低刘徽的工作是不妥当的。囿于历史的局限，李淳风的迷信也是显而易见的，应予以摒弃。

十部算经

为了使算学馆的学生更好地学习十部算经的内容，唐高宗李治命令太史令李淳风和算学博士梁述、助教王真儒对十部算经进行注疏。那么这十部算经到底是怎样的教科书呢？它们是什么年代成书的呢？作者又是谁呢？

十部算经中最古老的是《周髀算经》。这是汉代成书的算术著作。书中所讨论的是周代数学家研究的问题。其中最著名的理论是勾股定理，就是“勾三股四弦五”。西方人将这条定理称为“毕达哥拉斯定理”。相传，毕达哥拉斯学派发现这个定理时，举行了“百牛祭”，以感谢上苍向他们泄露了天机。《周髀算经》中还涉及到分数的计算。

《九章算术》一书导源很古，不过估计成书于秦代或西汉。这部书标志着我国古典数学体系的建成，在中外数学史上都占有极其重要的地位。

《海岛算经》是南北朝时数学家刘徽的著作。书的本名是《重差术》，是一部测量学的著作。由于书中第一个问题是测量海岛高度和距离的问题，因此又称为《海岛算经》。

《孙子算经》的作者不知是何人，成书年代笼统地说是比南北朝早一些。全书分3卷，上卷讲算筹计算法则，中卷讲筹算分数和开平方法，下卷是例题。这部书的下卷中有一个有趣的“物不知数”问题，大意是：一堆物品，不知共有多少。当你三个三个地数，剩余两个；当你五个五个地数，剩余三个；当你七个七个地数，剩余两个。问共有多少？答案是23个。更有趣的是，用一首歌谣来说明它的解法：

三人同行七十稀，五树梅花廿一枝。

七子团圆正半月，除百零五便得知。

这就是说，3个3个地数，剩的余数乘以70；5个5个地数，剩的余数乘以21；7个7个地数乘以15；就是2×70，3×21，2×15。再把它们相加，减去105或105的整倍数，它的余数便是物品的总数，也就是（2×70+3×21+2×15）−105×2=23。"物不知数"问题后人称为"孙子问题"。这个解法的歌诀则称为"孙子歌"。

《夏侯阳算经》已失传，它的写作年代无法考证，现在的版本是转刻的。书中的内容是用速算求解日常的问题。

《张邱建算经》是南北朝时张邱建所著，内容包括等差级数、二次方程、不定方程等问题的求解。

《五曹算经》据说是魏晋时代的著作，内容包括田曹、兵曹、集曹、仓曹、金曹，因而称为"五曹"。主要解决的是一些实用问题。

《五经算术》的著者已不详，它的许多内容同《数术记遗》类似。后者据说是汉朝人撰写的。

《缀术》是祖冲之和他的儿子祖暅合写的，写作水平很高，后来失传了，这是很可惜的。

《缉古算经》是唐朝王孝道所著。王孝道曾任算学博士和太史丞。书中对三次方程的正根进行了求解，他是对该类问题最早求解的数学家。当然解决这个问题是很困难的，直到宋元时期，提出"天元术"的方法才对此加以解决。

李淳风等人对这十部算经的注疏，也存在一些缺陷，例如，对刘徽"割圆术"的贬低是错误的。不过，李淳风等人的注疏，正式定为唐朝的"统编教材"，对数学研究和数学知识的普及是有很大贡献的，同时，也使多数内容得以流传下来，他们的功绩是不可磨灭的。

风力的级别

现在，人们常常在电视上收看天气预报，其中包括风向和风力级别的预报。你知道是谁最先为风力定下等级标准的吗？

早在商代就已有关于风向器——“俔”（xiàn）的记载。这是一种类似小旗的装置，它在风的作用下，布条指示着风的方向。到了汉代，人们又发明了铜凤凰和相风铜乌，晋代出现了相风木乌。为了满足军事上的特殊需要，唐代还改进了“俔”，利用鸡毛来代替布条。李淳风在《乙巳占》一书中对这种装置作了详细的记载。

李淳风对风向作了严格的规定，在《乙巳占》的占风图中，他用8个天干、12个地支和4个卦名的组合分别表示24个风向。

李淳风还对风力级别进行了规定。他依据风力对各种物体的影响或破坏程度来确定。他定出了8个级别，就是：

1级，树叶动；级，小树枝响；

3级，大树摇动；4级，树叶刮掉；

5级，折断小树枝；6级，折断大树枝；

7级，折断树木和飞扬沙石；

8级，拔起树木和树根。

此外，还有“无风”和“和风”（一种清凉、温和的风，不起尘埃）两级，加起来共有10个级别。

李淳风对风级的这种划分，在400年之后传入了西欧。英国人蒲福在李淳风的定义基础上，把风力级别作了进一步的划分，规定为0级～12级，共13个级别。1946年，在蒲福的基础上又加了4个级别，共计0级～16级，17个级别。

附表： 风力的级别

风力等级	自由海面状况 浪高 一般（米）	自由海面状况 浪高 最高（米）	海岸船只征象	陆地地面征象	距地10米高处的相当风速 千米/小时	距地10米高处的相当风速 海里/小时	距地10米高处的相当风速 米/秒
0	—	—	静	静，烟直上	小于1	小于1	0～0.2
1	0.1	0.1	平常渔船略觉摇动	烟能表示风向，但风向标不能转动	1～5	1～3	0.3～1.5
2	0.2	0.3	渔船张帆时，每小时可随风移行2千米～3千米	人面感觉有风，树叶微响，风向标能转动	6～11	4～6	1.6～3.3
3	0.6	1.0	渔船略觉簸动，每小时可随风移行5千米～6千米	树叶及微枝摇动不息，旌旗展开	12～19	7～10	3.4～5.4
4	1.0	1.5	渔船满帆时，可使船身倾向一侧	能吹起地面灰尘和纸张，树的小枝摇动	20～28	11～16	5.5～7.9
5	2.0	2.5	渔船缩帆（即收起帆之一部）	有叶的小树摇摆，内陆的水面有小波	29～38	17～21	8.0～10.7
6	3.0	4.0	渔船加倍缩帆，捕鱼须注意风险	大树枝摇动，电线呼呼有声，举伞困难	39～49	22～27	10.8～13.8
7	4.0	5.5	渔船停泊港中，在海中下锚	全树摇动，迎风步行感觉不便	50～61	28～33	13.9～17.1

续表

风力等级	自由海面状况		海岸船只征象	陆地地面征象	距地10米高处的相当风速		
	浪高						
	一般（米）	最高（米）			千米/小时	海里/小时	米/秒
8	5.5	7.5	近港的渔船皆停留不出	微枝折毁，人向前行，感觉阻力甚大	62～74	34～40	17.2～20.7
9	7.0	10.0	汽船航行困难	建筑物有小损（烟囱顶部及平屋摇动）	75～88	41～47	20.8～24.4
10	9.0	12.5	汽船航行颇危险	陆上少见，见时可使树木拔起或将建筑物损坏较重	89～102	48～55	24.5～28.4
11	11.5	16.0	汽船遇之极危险	陆上很少见，有则必有广泛损坏	103～117	56～63	28.5～32.6
12	14.0		海浪滔天	陆上绝少见，摧毁力极大	118～133	64～71	32.7～36.9
13	—	—	—	—	134～149	72～80	37.0～41.4
14	—	—	—	—	150～166	81～89	41.5～46.1
15	—	—	—	—	167～183	90～99	46.2～50.9
16	—	—	—	—	184～201	100～108	51.0～56.0
17	—	—	—	—	202～220	109～118	56.1～61.2

注：13级～17级风力是当风速可以用仪器测定时使用。

一行和尚

大约在唐中宗年间，浙东天台山国清寺中，众和尚正在演习布算之时，大门外进来了一位身披黑色袈裟的年轻和尚。这位和尚看见大家手拿算筹认真练习，急切之间，竟忘记行礼就走进和尚群中观摩起来。当别人问起来意之时，才觉得自己的失礼之举，很有些不好意思。当得知这位和尚就是一行之后，大家便很热情地欢迎他。他不远千里来学习数学知识，使在场的和尚们深受感动。

一行和尚是怎样想起到国清寺来呢？还是先从他的家世谈起吧！

一行（683年～727年）的俗名叫张遂，魏州昌乐（今河南南乐县）人，祖上立过军功。但是到他的祖父之时，家道已经败落。他勤奋好学，对学问的追求是从不放松的，经常外出借书求学。元都观的尹崇道士很欣赏张遂的学习精神，就将观里的藏书借给他读。有一次，张遂借到汉代杨雄写的《太玄经》，回到家中，逐字逐句地推敲，弄懂了文章深奥的内容后，写出了一篇名为《义决》的体会，并根据《太玄经》画出了一幅《太衍玄图》，还书时，他把体会和图呈给尹崇，请给以指点。尹崇看后非常吃惊，交口称赞张遂是“后生颜子”（即颜回，孔子的高足之一）。

慢慢地张遂在长安城有了名气，许多学者和名流都愿与他结交。甚至武则天的侄子武三思也附庸风雅，想结交张遂。张遂很看不起他，不愿与他结交，但是又惹不起这有权有势的“衙内”，因此，就跑到中岳嵩山的嵩岳寺出家做了和尚。寺里的主持普寂给他起的法号叫“一行”。

一行僧观测天象

一行做和尚后对自然科学的兴趣却依然不减，并得到主持的支持，主持普寂为了满足一行的愿望，介绍他去国清寺进行深造。因而才发生前面所述的那一幕。

国清寺的四年学习，使一行的学识更加渊博。此后，一行有了习惯，只要听说哪里有知名的学者，都要前去拜求。

唐玄宗李隆基继位后，很欣赏一行的才学，就于开元五年（717 年）命一行的族叔前去嵩岳寺把一行请到朝廷。到长安后，唐玄宗要他还俗做官，但是一行不同意。玄宗只得尊重一行的意愿，安排他到华严寺继续研究佛教的经典。

一行的研究成果中，易学的水平非常高，并写过一些书。此外，他学习了梵（fàn）文（印度古文），以求更好地研究佛学。他在算学上的造诣颇深，也写了有关的书籍。

一行一生的主要成就是围绕天文学的理论研究和编制历法而进行的工作。例如，他与梁令瓒（zàn）一起研制了水运浑象，他们的设计比汉代张衡的设计有所创新。他还组织了大规模的恒星观测活动，发现恒星并不是老在原地不动的。他测量了北极的高度，对于古代流行的错误说法给予了否定和纠正。经过几年的努力，一行终于编制出《大衍历》。这部历法是中国历史上最优秀的历法之一。

由于一行的卓越成就，使他跻身于著名天文学家的行列。我国现代天文学家曾把一颗小行星（编号为 1972）命名为“一行”，以纪念他在天文学上的贡献。

黄道游仪和水运浑象

一行制定新的历法，必须要进行精密的观测，而观测又需要精密的观测仪器。前代的一些观测仪器，或是年久有所损毁，或是制作的精度差，这都难以满足观测之需。

在奏明皇上之后，一行找来梁令瓒商量。当时梁令瓒在兵部担任训练士兵的工作。他也是个书法家和画家，画风很像吴道子。他首先制作了一些小模型进行试验。新的模型称做“黄道游仪”，它是前人制作的“六合仪”和李淳风发明的“四游仪”的有机结合。

黄道游仪像个大圆球，它分3层，共10多个环。游仪上的窥管可以绕一个双环中心旋转，同时双环又能绕游仪的中枢轴旋转，所以，窥管可以向天空中任何一点进行瞄准。除了一些起支架作用的圆环之外，有三个圆环最为重要，这就是与中枢轴垂直的天赤道环、指示太阳视运动轨道的黄道环和指示月亮绕地运动的白道环。重要的是，这三个环是不固定的，是可以微调的，这一点同过去的仪器有所不同。他们认为，赤道与黄道的交点是不固定的，因此春分点和秋分点就不应当固定。这样做更接近天象的实际情况。

尽管一行和梁令瓒的新仪器也有错误之处，不过，一行和梁令瓒的想法是很有价值的，在新的历法编制工作中起到了重要的作用。

唐玄宗很满意新制成的黄道游仪，接着又下诏研制新的水运浑象。

水运浑象虽然早被东汉时的张衡发明出来，但是新的水运浑象比张

制造天文仪器

衡的仪器在许多方面有所创新。它在历史上所制作的浑象中是有独特的历史地位的。

新的浑象在报时系统上有重要的改进。据史书记载，新的报时装置是自动的，它立两个木人于地平上：其中一个木人前面放置着鼓，每一刻就自动击鼓；另一个木人前面放置着钟，每一辰（相当于两个小时）就自动撞钟。可以认为，这是世界上第一台自鸣钟。

我们知道，现代机械式钟表主要是依靠擒纵装置来控制齿轮运动的。这种装置接收动力之后，就使齿轮转过一齿，而后将它锁住。这种一擒一纵是按一定周期完成的。擒纵装置是机械钟表的心脏。根据现代的研究，一行和梁令瓒的水运浑象中很可能使用了这种装置，对北宋的水运仪象制作是有启发的。

水运浑象制成之后，唐玄宗曾在武成殿和景运门前进行展览，满朝文武百官无不赞赏。后来将它们安置在天文台上。

测量子午线

为什么要测量地球子午线的长度呢？1790年，法国成立了一个由若干科学家组成的委员会，专门讨论标准度量衡的问题。当时对于长度单位“米”的定义是这样的：1米等于首都巴黎市的地球子午线长度的4000万分之一。法国人对子午线的测量规模是很大的，除了在国内组织测量之外，还派了两个测量队到海外进行测量。不过这毕竟是18世纪的事情了。其实早在中国的中古时期就已开始了类似的测量了。

在古书上常记载着这样的说法：“日影一寸，地差千里。”意思是说，你用一根长8尺的标准杆测量它的正午时的日影，每变化一寸，意味着南北相差了500千米。这种说法果真如此吗？尽管多数人都沿用这种说法，但是也有人怀疑这种论断。南北朝的天文学家何承天曾于北魏太武帝太平真君三年（442年）进行了测量，计算的结果是“日影一寸，地差六百里”。到南北朝末年，又有人测量，结果是“日影一寸，地差二百五十里”。

何承天等人的工作并未引起人们应有的注意。隋代杰出的科学家刘焯曾向隋文帝杨坚建议，应当对此组织测量。遗憾的是，这一建议未被采纳。随着刘焯的去世，测量的事情便被人们遗忘了。

大约过了80年，一行和尚和南宫说着手进行这一测量。他们建立了一个庞大的测量网，在全国分作24个地区进行测量。北到今河北蔚（yù）县和山西太原，南到越南的河内和顺化，大约是北纬17°～51°的范围，远远超出了刘焯的设想。

当时太史监南宫说亲率一支测量队，在河南滑县、开封、扶沟和上蔡四个测量点进行测量。证实原来的说法是错误的。测量的结果是，滑县到上蔡的距离约 263.450 千米，北极高度差是一度半；或 175.633 千米的距离上北极高度相差一度。折合成今天的数值约为子午线一度差约为 131.725 千米（现代值约为 110.6 千米）。

汇总了各地的测量数据后，都表明“寸差千里”的说法是毫无根据的，是错误的。

在西方，古希腊天文学家埃拉托色尼也估算过子午线长度，它的值是一度子午线弧长 129.5 千米。一般认为，埃拉托色尼的数据是一种巧合。阿拉伯的天文学家于 814 年进行了子午线长度的测量，一度弧长约为 111.815 千米，精度是高的，但是比一行晚 90 年左右。

从现代的意义上，由于大地是球形的，表影的长度随地球纬度的不同而变化，但不是正比关系；也就是说，当向北或向南移动的距离相同时，表影差也是有变化的。

后来，元代的郭守敬、明代的徐光启也进行过类似的测量。到清代康熙皇帝和乾隆皇帝时进行过更大规模的测量。

瞿昙悉达与《开元占经》

在中国天文学史上，唐代的瞿昙（qú tán）氏家族曾对当时的科学发展作出过积极贡献，这个家族中最为著名的一位是瞿昙悉达。

瞿昙悉达的家族对印度历法非常熟悉，由此判断，这个家族可能是从当时的天竺（tiān zhú，印度的古称）国迁居而来的。从瞿昙悉达的父亲瞿昙罗到瞿昙悉达的儿子瞿昙谍（zhuàn）的110年间，这祖孙三代一直担任唐朝的太史令、太史监或司天监等职，对唐朝的天文观测和历法修订是有贡献的。

瞿昙悉达是这一家族中的佼佼者。他曾任太史令。当时的铁质浑仪是北魏永兴四年（412年）铸就的，因为年代太久而出现了较大的误差，于是他参加了对浑仪的修理工作。

瞿昙悉达也编著了一些与天文学有关的著作，其中最重要的是《大唐开元占经》（简称《开元占经》）。这本书是瞿昙悉达在开元六年（718年）到开元十四年写作的，曾流传到日本。由于战乱，此书曾一度失传，到明朝时才又被重新发现。

《开元占经》共120卷，书中的内容很丰富，有许多关于天文星象和各种物异的占语。占语是古人用于判断吉凶的用语。在天文学方面，有名词解释、宇宙理论、日月五星的运行以及远古时期三位著名的天文学家和星占家甘氏、石氏和巫咸氏对星宿的命名问题。书中还保存了大量的古代的天文学论著，例如，张衡的《灵宪》、《浑天仪图著》，以及甘氏、石氏和巫咸氏的《星经》等。这使得许多已散失的珍贵史料保存下来。又如，《石氏星经》中有121个恒星的赤道坐标，这些数据就是靠《开元占经》的记载才流传下来的。书中对大量的历书也广为辑录。这些历书的许多基本数据都是宝贵的资料，由此可以了解它们的水平。

《开元占经》中的《九执历》较为系统地介绍了当时印度天文学，并引进了印度的一些计算方法。例如，分周天为360°，分1°为60′，这与当时中国的做法不同。我国是分周天为$365\frac{1}{4}$度，就是太阳每天运行一度。这些都未引起中国的天文学家和算学家的重视，因而也未能对中国传统数学起到什么作用。此外，《九执历》中也介绍了三角函数中的正弦，以及印度数学家的研究成果，不过这也未引起中国科学家的重视。

《开元占经》中还介绍了印度的十进位制数码，这就是流行于全世界的阿拉伯数码，但是中国人并未接受它。对于《九执历》中的计算法——笔算，中国人也不重视，依然使用中国的算筹。

尽管中国人对瞿昙悉达引进的数学和天文学不感兴趣，可是我们还是应当感谢这位印度裔的中国人，他对中国科学的发展是有功绩的。

郦道元和《〈水经〉注》

北魏郦道元的《〈水经〉注》是我国古代地理学的名著。

《水经》一书相传是西汉桑钦撰写的。经过考证，它是三国时期的作品。这本书记载了137条河道，并对河流经过的郡县都作了简要的记述，这是很有价值的资料。可是这部河系著作记载得过于简略，也不系统。何况中华大地岂止137条河道呢？郦道元阅读之后很不满意。他在考察过程中，也发现书中有许多不符实际的地方。他觉得有必要对《水经》作必要的补充、订正和注疏。

早在晋代，郭璞就曾为《水经》作注3卷（今已失传）。到南北朝时，郦道元进一步以作注的形式，以水道为纲，写出了一本全面系统而且内容丰富的地理专著。

郦道元，字善长，范阳郡（今河北涿州市）人。他生活在北魏时期，在孝文帝（471年～500年在位）、宣武帝（500年～516年在位）和孝明帝（516年～528年在位）年间做官，真可以说是“三朝元老”了。他在朝廷上，一向刚直不阿、不畏权贵。他在随父去山东和自己到河南等地做官期间，十分注意访求名胜古迹。他又博览古籍以充实自己。这些都为他后来的著书立说打下了坚实的基础。

郦道元的考察，不仅反映出他对祖国山川的热爱，而且体现出他那严谨的科学态度。据说，他曾到大同的云岗石窟参观，听说在武州川附近有一座火山。因此，他决定实地考察一番。考察过程中，他不是走马

郦道元考察水文

观花地看一看就完事；而是不顾危险，深入火井，细细察看，并取些实物进行研究。不仅如此，尽管当时国家处于南北对峙的分裂局面，郦道元仍然设法考察齐国境内的长江三峡的地理情况。他对三峡的描写是极其生动的，读之使人回味无穷，是一篇优秀的散文，被现代语文教科书选为课文。

郦道元的《〈水经〉注》记述的水道达到1252条，远远超出了《水经》记述的数量。全书共分40卷，约30万字，是《水经》篇幅的20倍。他所记载的河流也包括外国与我国接壤地区的河流。例如，朝鲜的大同江、印度的印度河等。书中涉及了各地区的风土人情、名胜古迹、地形矿藏、水利设施、城邑的兴废沿革、民族的迁徙、名称的变化和河道的改变。为了全面而详细地整理古籍中的地理知识，并把它写到《〈水经〉注》中去，郦道元查阅了400多种书籍。他抄录了汉魏时的一些碑刻内容，这些碑刻今天已荡然无存，但是，人们却能在《〈水经〉注》中查阅到。

郦道元写作此书花了7年功夫。他实地考察各地河流的地形、地貌和其他状况所花的时间要更长。这部书对于后代的地理学研究、城市规划、水利工程和考证古迹等都具有重要的参考价值。历史地理学家侯仁之就是根据《〈水经〉注》的有关资料，把1700年前北京市区和近郊地区的地理情况进行了复原，从而绘制出北京地区最早和最古老的一幅地图。这些资料对于今天的首都建设具有重要的参考价值。

《〈水经〉注》是一部综合性的地理学专著，后世对它的研究有四五十个流派，形成了一个学科——“郦学”。对于我国的地理学乃至自然科学研究来说，此书的价值都是很高的。此外，由于郦道元深厚的文学功底，他在记述山川景物时，写得极为生动，绘声绘色，栩栩如生。因此，他的文学风格对后来唐宋文风也有影响。他的著作也同裴松之的《〈三国志〉注》和李善的《〈文选〉注》并称做三大名注。

郦道元不畏权贵、敢于伸张正义，引起一些贪官污吏的害怕和憎恨。特别是孝文帝的儿子元悦，对郦道元恨之入骨，在他的挑唆下，郦道元被害，从而断送了郦道元更大的宏愿，使科学蒙受巨大的损失。

唐僧取经

古典小说《西游记》中记述了孙悟空等人保护着唐僧去西天取经的故事。其实，《西游记》是一部取材于玄奘取经的小说。真正的唐僧去印度取经没有带徒弟，而是孤身一人。不过倒是真的历经了不少磨难才获得成功。他在取经的道途上一直用“宁死在半路，也决不东退一步”的誓言激励自己。

唐僧（596 年～664 年）的俗家姓名是陈祎（yī），出家后的法名是玄奘（zàng），洛州缑（Gōu）氏（今河南偃师缑氏镇）人。为了研究佛学，他历经四川、河北、河南、湖北、陕西等地，遍访名师，刻苦钻研佛家经典，析疑经典。在取经之前，他在国内已是一位著名的佛学大师了。

唐僧并不以所取得的成绩为满足，特别是他在研读经典时发现了许多错误，觉得应去佛教圣地天竺进一步研究。这样，他于唐太宗贞观三年（629 年）踏上了西进的征途。一路上的确是有许多艰难险阻，唐僧凭借着他那坚强的毅力，通过西域，遍游印度，成为一名出色的旅行家。

到达印度之后，他曾到过许多著名的佛寺，拜访了许多著名的学者和大师。他刻苦地学习经典，使自己的佛学理论水平有了极大的提高。此外，他在因明（逻辑学）、印度语、医方、术数、天文、地理等方面也深入学习，有了较深的造诣。

印度有一座烂陀寺，有主、客僧人 10000 多人。在这些人中间，能通解经论 20 部的有 1000 多人，通 30 部的有 500 人，通 50 部的有 10 人，

玄奘取经

通晓全部的只有寺主一人。唐僧在这里进行了5年研究，最后将全部经论通读，掌握了全部的内容，成为一名博学大师，他的声名传遍了印度。

尽管唐僧取得了极大的成就，他仍然不感到满足，他又到印度各名寺游学。当他重新回到烂陀寺后，通过学习和辩驳，他的声望更高了。特别是在全印度的佛学学术辩论大会上，各教派的僧人和俗人50000多人参加大会。人们都想在大会上聆听大唐来的大师讲法。这次大会上，唐僧被推为论主（主讲人），他的论文悬挂在会场门口，并声明，如果文中有一个字是无道理的，而且能被驳倒，当以砍头相谢。18天的大会过去后，竟无一人反驳。最后，各教派都送给唐僧最高的荣誉称号，并且按照惯例，唐僧要乘上大象游行一圈。他所过之处，人们都向他欢呼致意。

唐僧的访问获得了极大的成功，尽管国王曾许愿为他盖100座寺庙来挽留他，为印度佛教事业做些事情，但是唐僧仍然不答应。他于贞观十九年（645年）满载着荣誉和印度人民的友好情谊回到了祖国。他从印度带回了520夹，657部佛经。此外，还带回了佛像和佛骨以及南亚所产的奇花异木的种子。

回国后，唐僧受到唐太宗的接见。唐太宗曾劝他还俗做官，但是唐僧回绝了。接着，唐僧就开始了翻译和著述的工作。由于他的不懈努力，到去世前的 19 年间，共译出佛经和佛论 74 部，1335 卷，共 1300 多万字。这是中国翻译史上翻译字数最多的一位翻译家。

唐太宗曾要求他写一本这 17 年旅行经过的游记。这样，唐僧就把他行程 25000 多千米、游历 110 余国的经过写成了《大唐西域记》一书。这部名著至今仍是研究印度、巴基斯坦和孟加拉等国历史地理的重要著作。那座壮丽、灿烂的名寺——烂陀寺已在 12、13 世纪毁于战火。在 1915 年，印度学者根据《大唐西域记》中的记述进行挖掘，居然找到了这座古寺的遗址。因此，《大唐西域记》在世界地理学史上也占有重要的地位。

唐僧的翻译不仅对佛教理论的传播有重要意义，而且把印度逻辑——“因明”传入了中国，对中国逻辑学的发展起到了重要的作用。

陕西西安兴教寺玄奘塔

同时，他还在唐太宗的要求下，把《老子》一书译成梵文，将这一名著传入印度。

唐僧回国后还创立了新的教派——法相宗，这一宗派不仅在当时有重要影响，而且经过弟子的传播，至今仍流行于日本和朝鲜。

唐僧取经不仅在中国家喻户晓，印度人民至今仍然对他充满着爱戴之情，把他看作中印文化交流与合作的象征。

鉴真大师东渡

在唐代，中国与日本的关系是非常友好的。日本先后派出了 19 批遣唐使来华，同时，还来了许多留学人员，其中留学的僧人占的比例很大。这一时期，中日关系史上最大的事件之一就是鉴真大师东渡日本传播佛教文化。

鉴真（688 年～763 年），俗姓淳于，广陵江阳（今江苏扬州）人。据说他是先秦齐国辩士淳于髡（kūn）的后代。少时很聪明，学习非常用功，尤其对建筑、雕塑和医药兴趣很浓。由于父亲是个佛教徒，并在当地的大云寺接受智满禅师的受戒[①]，鉴真 14 岁时也在大云寺出家，成为智满禅师的徒弟。

鉴真对佛教经典的学习很刻苦，他向一些名师学习佛学知识，加上他那高尚品德，20 多岁时就登坛讲学，40 多岁时就是一位知名的授戒大师了。

大约在公元 6 世纪，佛教由朝鲜半岛传入日本。7 世纪和 8 世纪期间，日本统治阶级曾大力提倡佛教。但是，随之而来的是，僧尼的特权使许多俗人为了逃避劳役和赋税而出家，使僧尼人数大大增加。因此有人提出，需要到中国请一位德高望重的传戒师。

日本派了两位年轻僧人到唐朝留学，并聘请传戒师。当了解到鉴真

---

① 戒，就是佛教戒律；师父传授戒律就是“受戒”，

日本唐招提寺内鉴真干漆夹纻(zhù)像

有授戒数万人的经历之后，就决定邀请鉴真东渡。他们到扬州大明寺访问鉴真时，鉴真觉得日本与佛教是个“有缘之国”，随后就决定东渡。

去日本必须走海路，由于鉴真已经55岁了，渡海并非是一件容易的事。经过12年的时间，这期间曾5次东渡都失败了，而第6次东渡时，到底是苍天不负有心人，他们终于到达日本。为了实现东渡，先后有360人献出了宝贵的生命。

到达日本之后，鉴真一行受到朝野僧俗的热烈欢迎。鉴真本人被授予“传灯大法师”的称号。从此就开始了紧张的授戒活动。当时的天皇、皇妃、皇太子也受了戒。后来，还为鉴真一行修建了寺庙——“唐招提寺”，当时的孝谦天皇亲自为此寺写匾额。至今日本人还把鉴真视为日本佛教律宗的开山祖，并把唐招提寺作为律宗的总本寺。

鉴真和弟子们还参与了唐招提寺的设计，建筑吸收了唐代建筑的最新成就，对日本寺院的建设产生了重要的影响。至今仍保存的唐招提寺内的部分建筑，是那个时代保留至今的最大和最壮丽的建筑群。

鉴真在国内时曾苦修医术，具有很高的造诣。他曾参加过佛教界组织的治病救灾活动。在鉴真第五次东渡之时，他的双眼已失明。尽管如此，到了日本之后，他仍然坚持医疗活动，并且传播中医药知识。鉴真他们把龙脑香、安息香等10余种药物带到日本，并且向日本人传授药物的收藏、炮制、配伍和使用等知识。由于鉴真有效地治疗光明皇太后的慢性病，天皇便赐给他水田100町（约1400多亩）。据说，在江户时代（1603年～1867年）以前，鉴真曾被日本药商尊为始祖，药商们还在药袋上印上鉴真头像。

鉴真赴日时还带去了甘蔗和蔗糖以及蜂蜜、胡椒等，可能还把榨糖技术也带到了日本。至今日本人仍然把鉴真奉为榨糖、缝纫、制作豆腐和酱油的始祖。

鉴真带到日本去的东西中还有大量的绣像、雕像、画像、金铜像和书帖等。据说，日本人认为东晋书法家王羲（xī）之和王献之（史称“二王”）的书帖就是鉴真带去的。鉴真弟子中王体字写得极好的和尚，也对“二王”书法的传播起到一定的作用。

鉴真在世时，日本就塑造了他的塑像。鉴真塑像是日本最早的肖像雕塑，在日本美术史上占有重要的地位，是日本的国宝。

驿骑如星流

为了适应社会政治、经济和军事的发展，特别是为了保证官方公文的投递，我国古代形成一种严密的邮驿（yì）制度。

孔子说过："德之流行，速于置邮而传命。"他的意思是，道德学说的流行比邮驿传送公文命令还要迅速。由此可见，周朝的邮驿制度已初步建立。

秦始皇统一中国之后，建立起中央集权的制度，并且要求"车同轨"，这对邮驿制度的巩固和邮驿事业的发展是有利的。

唐朝时的邮驿制度更加完备，它分为陆驿、水驿和水驿陆驿兼办三种。各种驿所达到1600多处，其中水驿有260多处、水陆兼办的驿所80多处。对于邮驿的行程也有规定，例如，陆驿使用的马匹传递速度为每天35千米，驴的传递速度为每天25千米，车的传递速度为每天15千米，送交急件的马匹速度要达到每天150千米以上。违反了规定的人员要受到处罚的。正是由于邮驿传递信息迅速，当安禄山在河北举兵反叛唐朝后，离这里几千里的首都长安的唐玄宗李隆基很快就收到了这个消息。这真是"一驿过一驿，驿骑如星流"。

由于驿站只传递官方文件，不传递私人信件，对普通百姓来说是没有什么用处的。由于商人对各地商业信息的需求，他们只能雇用脚夫传书送信。在唐代，长安和洛阳之间，为了方便商人的信息交流，兴办了一种"驴驿"。当时还发行了一种叫做"邸报"的木刻或手抄的官方报纸，也通过邮驿传递。

古代的邮驿制度虽然对军事、经济和文化的发展起到了重要的作用，但是代价也是沉重的。更何况像唐玄宗这样的皇帝，为了取悦于杨贵妃，竟利用骑驿来传递杨贵妃喜欢吃的新鲜荔枝。为此，还开辟了从四川涪陵到长安的邮驿路线。诗人杜牧曾写诗批判他的行径：“一骑红尘妃子笑，无人知是荔枝来。”

唐朝的邮驿制度对周边国家的影响也很大，一些国家也开办类似唐朝的邮驿事业，一些国家甚至还接受这个名称。

宋代的邮驿人员由军人来担任，使邮驿组织军事化，大大提高了邮驿的效率。为了军事上的需要，邮驿有严格的保密制度，以保障各种军事命令不会泄密。

邮驿制度基本上保持到清中叶以后，才逐渐为近代邮政和电信事业所取代。

贾耽制图

20世纪70年代，在湖南长沙东郊的马王堆，相继发掘了一号、二号和三号汉墓。三号汉墓中，考古工作者发现了三幅彩色地图——地形图、驻军图和城邑图。这些地图标志着西汉地图测绘技术具有相当的水平。这涉及到方向的测定（可能是利用司南）、测距的仪器或工具以及相关的数学理论。

西晋时，裴秀在制图的实践和研究中又提出了著名的“制图六体”。这为我国中古时期的制图理论研究奠定了基础，推动制图学的发展。

南北朝时期的战乱，使地图学发展蒙受了重大的损失。西魏宇文泰派于瑾攻打梁国时，梁元帝和太子害怕地图落入敌手而把他们所收集的大批古代地图一把火焚毁。梁元帝萧绎自幼喜欢搜集古代图籍和珍奇，此次焚烧是地图史上一次极大的损失。

中唐时期，西晋裴秀的制图理论得以恢复。当时最著名的地图学家是贾耽。贾耽，字敦诗，沧州南皮（今河北南皮）人，生于唐开元十七年（729年），卒于贞元二十一年（805年）。

贾耽自幼喜好地理，又擅长骑射。先后在山西和河北做过几任武官和文官。后来又到朝廷任职，由于“政绩茂异”而升任鸿胪卿，这是一种负责接待外国使臣和朝祭礼仪的官员。此后，又做过几个地区的节度使。贞元九年（793年）任右仆射同中书门下平章事（就是宰相），13年后死在任上。

贾耽任鸿胪卿时，利用职务上的便利，对外国的使臣和出访外国的中国使臣，必定要问他们有关地理和风俗的情况，以作为研究的材料。在他任宰相时，能较多地接触朝廷所收藏的各种图籍，更加丰富了他的地理知识，进而使他成为唐代杰出的地理学家和制图学家。

贾耽在地理学上研究的主要成就有：《关中陇右及山南九州等图》以及为了说明此图而撰写的《关中陇右及山南九州别录》6卷和《吐蕃黄河录》4卷（也统称为《别录》10卷）；《海内华夷图》以及与此相关的著述《古今郡国县道四夷述》40卷；晚年编写的《地图》10卷、《贞元十道录》4卷和《皇华四达记》等。

关中山南一带被吐蕃侵占后，有关的地图丢失，使得朝廷对这些地区的情况缺少了解。贾耽就负责绘制《关中陇右及山南九州等图》以及撰写有关的图记。

在绘制《海内华夷图》时，贾耽的身体多病，而且政务缠身，但是他仍然积极收集资料，精心地绘制，经过3年的努力工作，于贞元十七年（801年）完成了这幅大地图的编绘。

贾耽认真进行地理调查，又很重视历史上的图记，特别是裴秀的《制图六体》。在绘制关中等图时，他特别说明了裴秀制图理论的指导意义；在绘制《海内华夷图》时，他采用了裴秀"一寸折成百里"的比例尺度。采用如此严格的比例尺度，在裴秀之后的500年内，仅有贾耽一人而已。

贾耽绘制的《海内华夷图》幅面是很大的。它"广三丈、纵三丈三尺"，约为110平方米。由于该图的内容丰富、位置准确，300年之后，北宋京畿已沦为伪齐之时，它还被人雕刻在石碑上。它的两面分别刻着《华夷图》和《禹迹图》。这两幅图是中国地图学发展史上的卓越作品。当朝廷收到贾耽的《华夷图》时，给予他丰厚的赏赐。为了便于携带，贾耽也曾把《海内华夷图》缩小成《国要图》。到北宋初年，乐黄目又在此基础上进一步缩小成《掌上华夷图》。

医 化 篇

世界最早的国家医学院

自古以来，医学教育多是家传或民间私授生徒。这种教育对于医学的规范很难统一，也难以满足社会保健和医疗的需求。

南北朝时期，由于连年战争，国家对医药管理组织的建设是较为重视的。在晋朝太医令的基础上，增设了太医丞、藏药丞、侍御师、太医博士、太医助教、尚药监等官员。刘宋朝廷设立太医署，教授医科学生，以满足战区和灾区对医生的需求。

隋唐时期，国家的医药机构已较为健全，它们的规模是前朝所不能比的。隋代的太医署有 200 多人，而唐代的太医署则多到 300 多人，并有令、丞、监、正等诸官员负责管理和组织工作。

唐代的太医署规模比隋代的大，分科更细致，学制也更完备。按古籍记载，唐代的太医署分为医学和药学两大部，医学部又分设医科、针科、按摩科和禁咒科[1]等四科。

每科之下都由博士负责教授学生。博士之下，按各科的具体情况各设编制。医科有助教、医师和医工，针科有助教、针师和针工，按摩科则只有按摩师和按摩工。

根据分科情况，各科招收学生并按一定要求教授学生。例如，医科的学生主要学习本草学、脉学等课程，各专业的学生和学期为：体疗

① 这种带有鬼神迷信色彩的科，显然是受当时流行的佛教和道教影响而形成的。

（相当于内科）学生10人，学期7年；疮肿（相当于外科）学生3人，学期5年；少小（相当于小儿科）学生3人，学期5年；耳目口齿（相当于五官科）学生2人，学期4年；角法（拔火罐技术等）学生2人，学期3年。又如针科学生20人，学习经脉孔穴；按摩科学生15人，学习气功和正骨等。

学生在学习期间，通常要按月、季、年度进行各级考试。其中月考由博士主持，季考由太医令（高级医官）主持，年考由太常丞（国家最高的医官）主持。学生的评定，除了各级考试的成绩之外，还要参考治疗实践中的效果。选拔出来的成绩优秀者，国家将予以重用。连续两年考试不及格者，勒令退学。

药学部设有药园，学生也称为“药园生”。药园生主要是学习各种中药的栽培、采集、加工、贮存、配伍及禁忌等方面的知识。学习期满后，主要担任药园师，从事药用植物的栽培等工作。

除太医署的医学教育工作之外，各州郡也开设类似的教育机构。

由此可见，我国最早的医学院——太医署早在公元6世纪的隋朝就已建立，堪称世界之最。

多才多艺的陶弘景

陶弘（hóng）景（452年～536年），字通明，江苏丹阳秣（mò）陵（今江苏句容县）人，自幼非常聪颖而且勤奋好学。据说，10岁时，他得到了一本《神仙传》，爱不释手，昼夜研读，从此便有“养生之志”。17岁时，他已有一些名气。到齐朝时，他做了侍读官，主要为诸王讲学。虽然身在官衙（yá），但是他仍然以读书为主。

陶弘景40岁时辞官隐居。他曾研究一些与预言和隐语有关的东西，并且寻访仙药。他特别喜欢在山中涧水边读书，爱听松涛之声。当时著名文学家沈约十分仰慕他的节操和为人。

据说，后来当上梁朝皇帝的萧衍与陶弘景关系很好。陶弘景曾预言萧衍能够当上皇帝。当萧衍真的当上皇帝时，自然对陶弘景感恩，礼遇颇高。梁代的皇帝对陶弘景都很信服，梁元帝萧绎曾说，隐士中，他看重陶弘景，并且称他为“山中宰相”。

陶弘景为人谦虚谨慎，很通情达理。他的学问深、涉及广，喜欢研究比较艰深的阴阳学说和一些“仙术”，并且对天文、地理、数学、医药学等也很熟悉。他的一生中，主要是著述，对时间非常珍惜，写了70多种书，其中最有名的是药学和方剂书籍。

陶弘景借助于他对各种药物的研究心得，对《神农本草经》进行了“集注”（集中诸家注释），把原书中所载药物从365种增加到730种，这在中国医药史上是第二次对药物典籍的大规模整理。他打破了原来的三品分类法，创立了新的分类法。他还对药物的性味、产地、形态、鉴别和采集分别论述，特别是对一些通用的药物，按它们的作用分为 70 类，对临床治疗很有帮助。经过陶弘景的集注，《神农本草经》才得以流传不衰。他的工作，同晋代王叔和对张仲景的《伤寒杂病论》的整理类似，对医学发展作出了重要的贡献。

陶弘景也很重视方剂学。他对晋代葛洪的《肘后救卒方》（简称《肘后方》）进行整理，在原书的基础上进行拾遗补缺，使方剂由 86 个增加到 101 个。因此，他把书名改为《补缺肘后百一方》（简称《肘后百一方》）。后来此书还流传到日本。

陶弘景在炼丹之余，也重视炼制刀剑，曾撰写过《古今刀剑录》一书，其中关于"灌钢法"的记述很有价值。

神秘的金丹术

古代的金丹术，主要包括炼金和炼丹两个方面。在古典小说《西游记》中，孙悟空大闹天宫，曾经偷吃了太上老君炼就的“五壶金丹”，后来被太上老君装进“八卦炉”，孙悟空借此机会炼就了“火眼金睛”。这就是古代金丹术的反映。

在南北朝时期，著名的炼丹家陶弘景，辞官隐居，进行医药研究和金丹术方面的实验。他进行了很多实验，其中有些实验在化学史上是很有价值的。例如，古人常把硝石（古称“消石”，就是硝酸钾）和朴硝（或称芒硝，就是硫酸钠）混淆起来而分辨不清。陶弘景利用燃烧的焰色不同把它们区分开来，他把发出紫色焰的称为“真硝石”。硝石的鉴定对于后来的火药发明是有重要意义的。对于水银（汞），陶弘景也进行了阐释，例如，“水银……能消化金银，使成泥，人以镀物是也。”这种在铜铁上镀上金或银的工艺在电镀出现之前是很重要的方法。

金丹术到唐朝更加兴盛，出现了孙思邈（miǎo）和张果（在八仙中被称做“张果老”）等一大批有名的炼丹家。孙思邈同陶弘景一样，将炼丹术同医药学研究相结合。例如，他的《千金方》中就有一些金石药物，可能与炼丹有关。由于炼丹家对汞的性质了解得较多，它的一些制剂在医疗上得到应用，比如用水银和猪油制成软膏。

中国的炼丹术后来经过阿拉伯人西传到欧洲，为近代化学的产生起到重要作用。

然而，金丹术的滥用也是容易出问题的，某些帝王——特别是唐代的帝王对金丹术的热心支持，虽然促进了它的发展，但是由于他们求取“长生”心切，竟“以身试丹”，这往往导致一命呜呼。在唐代就有6个皇帝因为食用丹药而丧命，他们是太宗、宪宗、穆宗、敬宗、武宗和宣宗。

火药的发明

古代作战，火攻往往是克敌制胜的法宝。但是在火药发明之前，人们在军事上应用的只是松香和油脂之类的易燃物。火药的出现使战争的面貌发生了根本性的变化。

最早问世的火药是黑火药。这种火药的主要成分是硝石、硫磺和木炭。前者是氧化剂，后二者是燃烧剂（或称燃料）。硝石和硫磺最初是用于治疗疾病的药物，我国最早的药书《神农本草经》中把硝石和硫磺列入重要的药物之列，至今硫磺仍然用于治疗疥疮之类的皮肤病。炼丹家对它们的性质很有研究。孙思邈曾记录了“伏硫磺法”，他把硫磺二两、硝石二两放入锅内，而后把三个皂角子点着后放入锅内，使硫磺也燃烧起来，而硝石则在这一反应过程中释放出氧气助燃。火灭后，趁热将木炭和入锅中，待木炭消去三分之一，就可以取出这种混合物。有些炼丹书中，还提到“伏硝石法”和“伏火矾法”等。

炼丹的方士们有时候把硫磺、硝石和木炭直接混合在一起，一经点燃就猛烈地烧起来。据说，一位方士在屋内“伏火”，一不小心，曾把手、脸烧伤，甚至还将房间烧坏。这样的实验进行过很多次，借此人们逐渐摸索出一些方法，并且发明出黑火药来。

火药发明后，起初是用来治病。根据中医的理论，一种方剂中诸位药彼此间存在着“君臣佐使”的配伍关系。按照这种理论，分析黑火药的三种成分的作用是：硝石为“君”，硫磺为“臣”，木炭为“佐使”。它可以用来治疥疮、杀虫和去瘟疫，也可以制作鞭炮和施放焰火。在有喜庆之事或过年过节时燃放鞭炮和焰火，制造喜庆气氛。当然，黑火药最重要的用途是在军事上。从目前所了解的材料来看，至少在8世纪末和9世纪初，也就是晚唐之时，在方士的参与下，火药很可能已用于作战。此后，在宋朝之后，火药的军事价值逐渐被挖掘出来了。

火药在中国发明出来之后，传到阿拉伯地区，再经过阿拉伯人之手传到欧洲。蒙古人征服西亚和欧洲部分地区时，促进了火药的传播。火药的西传大大加速了世界文明的进程。

第一部关于病因的书

隋朝大业六年（610年），朝廷组织巢元方和吴景贤等人编纂的《诸病源候论》一书已告完成。这样，世界上第一部论述疾病的原因和症候的专著就诞生了。

巢元方（550年～630年），京兆华阴（今陕西华阴）人。大业年间（605年～618年）授太医博士，后升为太医令。在开凿汴渠时，一位官员患“风逆”症，隋炀帝杨广命巢元方前去诊治。巢元方经过诊断，认为“风”透过皮肤到达胸中，需要用嫩肥羊和药同食。通过正确的诊治，不久，这位官员的病就痊愈了。由此可见，诊治过程对于病源的探查是极为重要的。

巢元方和吴景贤编写《诸病源候论》时，查阅了朝廷所藏的许多书籍，深入研究了各种病症引起的原因。这部书分为67门、1720节，共50卷，分别论述了内科、外科、妇科、儿科和五官科等各科疾病。每卷之末还附有“养生导引”诸法，说明当时对体育运动和按摩都很重视。

这部书对许多病因都进行了深入的探讨，对不少病因的认识有不少创见，突破和发展了前人的认识。例如，疥疮类疾病，前人多数认为是感风邪热所致；巢元方等人则通过观察，发现疥疮内有难以看见的细虫，因此他认为，这是疥虫引起的。此外，还对疥疮的传染性和多发病部位进行了论述。

《诸病源候论》也对一些疾病，例如糖尿病、漆过敏、泌尿结石、绦

(tāo) 虫等，进行详细的论述，并且注意到麻风病与天花和麻疹的鉴别诊断。

《诸病源候论》一书在医学发展史上占有很重要的地位。后来的许多医书都大量引述此书的内容，说明它的影响之大。此书对海外影响也非常大，例如，日本最早的医学巨著《医心方》（成书于982年）采用了此书的许多内容。在宋代此书是医务人员的必修书之一，对医生的考核也必用此书。

世界最早的国家药典

相传我国早在新石器时代晚期就有“神农尝百草”的事迹，这是关于药性和药量的人体实验。周代的《诗经》和《山海经》中，对许多药物都有一些记述。

汉代成书的《神农本草经》是我国第一部药物学专著。书中记载了365种药物，并把这些药物分为上中下三品。

在南北朝时期，陶弘景对药物知识又进行了一次整理总结。他写出了一本专著《〈神农本草经〉集注》，收入的药物达到730种，比起《神农本草经》来，药物数量恰好增加了一倍。陶弘景的分类更细了一些，他把药分成7种：草、木、米食、虫兽、玉石、果茶和有名未用的动植物。他的分类成为古代药物学的规范。他还提出了按药物治疗性能来分类的方法。

唐朝迎来了我国封建社会发展的高峰。这时，关于药物学的研究成果不仅有民间的零散的研究和著作，而且朝廷也很重视药物学研究。唐高宗显庆二年（657年），医药学家苏敬提出了编修新本草的建议。唐高宗李治采纳了这个建议，并且下令在全国各郡县把当地所产的药物详细记录并提供图样，送长安汇总。同时，又命苏敬、许敬宗和吕才等22人编修新本草学。经过2年的工作，编成了一本图文并茂的药物学专著。新书名为《新修本草》（后世也称为《唐本草》）。

这部新药典的基础是陶弘景的《〈神农本草经〉集注》。新药典共54

卷，包括“本草”、“药图”、“图经”三部分，收载9类药物，共844种，考订出过去本草经籍中有差错的药物400余种。9类药物分别为玉石、草、木、禽兽、虫、鱼、果类、菜、米谷。书中还增添了一些进口药物，如安息香、龙脑香、胡椒、柯子、底野迦（鸦片）等。

《新修本草》编修完毕后，不仅对医药学的发展和临床的应用产生了重要影响，而且在当时被指定为医科学生的必读书之一。

《新修本草》于713年流传到日本，日本也明确规定该书为医科学生的必读书之一。

《新修本草》不仅是我国第一部药典，而且也是世界第一部药典。它比意大利《佛罗伦萨药典》（1494年）和德国《纽伦堡药典》（1542年）早得多。

药王孙思邈

隋唐时期，我国出现了一位著名的医学家，这就是被后人称做“药王”的孙思邈。

孙思邈出生在陕西省耀县孙家塬。他 7 岁时开始读书。到 20 岁时，对古代一些著名思想家的学说已经有了心得。他特别喜欢老子和庄子的学说，并且研究佛家的经典。有一位官员同他交谈之后，夸他是一个“神童”。此后隋文帝征召他去朝廷做“国子博士”。这个官职主要是在国子监教书和做学问，但是他称病未曾应召。后来，唐朝的太宗和高宗皇帝也曾请他做官，他也婉言谢绝了。

唐代诗人卢照邻曾评价孙思邈说，孙思邈通晓天文、历法和算学；以道为准则，就像庄子一样；对佛学的精通，就像印度的一位学精道深的维摩诘居士；天文知识可与西汉时著名天文学家落下闳相比。

孙思邈的一生，主要是在百姓中间行医治病。他不辞辛劳，不计报酬，甚至不怕脏臭，对于一些久卧病榻的患者总是尽全力相助。他的高尚医德和精湛医术受到百姓的赞誉和爱戴，至今人们对他都是极为尊崇。

孙思邈的精湛医术来自两个方面，一是他刻苦钻研医学典籍，甚至“白首之年，未尝释卷”，同时也认真学习民间的医疗经验；二是认真总结临床经验，把理论用于实践，但不限于以往的理论。在博采众家之长的同时，也大胆进行革新和发展。

孙思邈研制方药

孙思邈的医学成就主要概括在他的《千金要方》和《千金翼方》两本医学专著中。《备急千金要方》(简称《千金要方》)写于652年，当时他已70岁。这本书是他行医50年的总结。全书共30卷，包括中医基础理论和临床各科的诊断、治疗、针灸、食疗、防病、卫生等。他还创建妇科并重视儿科。书中收集5200个方剂，具有极高的实用价值。30年之后，孙思邈又对《千金要方》进行了补充，写成《千金翼方》。

通常中医生们多数都遵循古代医书中有关论病、开方、用药的内容；孙思邈却兼采各家之长，结合自己的经验，对这些内容进行发展。孙思邈的方剂也不同于古方。过去总说非此病不用此方、非此方不治此病，孙思邈却将方剂变化，扩大了治疗的范围，挖出了医方的潜力。对于某些医学经典中的诊治原则，孙思邈不但不迷信，还大胆进行革新，例如东汉张仲景的《伤寒论》主张六经辨证，孙思邈却认为应当以医方为纲，关键在于治疗。由于孙思邈的大胆创新，使唐代医风为之一变。后世评价他："用意之奇，用药之巧，亦自成一家，有不可磨灭之处。"

孙思邈的许多事迹在民间广泛地流传着。据记载，有一次，他外出采药，半路上，碰到出殡的人家。几个人抬着棺材缓慢地行走着，一位老妇人跟在后面伤心地哭泣。孙思邈看到从棺材滴下了几滴鲜血，他便上前急切地问明情况。老妇人告诉他，她的女儿因为难产而亡，旁人也说，已死去几个小时了。孙思邈不认为产妇已经死了，急令众人开棺抢救。经诊查，妇女的脉搏果然还在微弱地跳动着。选定好穴位后，孙思邈扎下一针，随着孙思邈捻动银针，产妇逐渐地醒了过来，并且顺利地产下婴儿。

孙思邈研究医道也不落古人窠臼（kē jiù），对古人未知的东西也去大胆探索，扩展着对疾病的认识。孙思邈在众多疗法之中，非常重视针灸。在他的一本著作中，详细地说明了针灸的特点、手法和穴位等问题。他不满足对现有穴位的认识，不断地探寻新的穴位。在一次诊治时，一位患腿疼病的患者请孙思邈治疗，他让患者先服药，而后扎针，但是效果并不理想。孙思邈想，也许治疗此病的穴位不在365穴位之内，可能有未发现的穴位存在。于是，他就用拇指在患者的腿上按掐，同时询问患者的掐处是否有痛感。开始，病人的回答多是否定的。当掐到某一处时，患者有了痛感，并大声说道："啊！是。"这样，孙思邈便确定了一个新的穴位。怎样命名呢？他借助患者喊出的话命名新穴位——"阿是穴"。为了今后寻找新穴位有方法可依，他又提出"以痛取穴"的方法。这一方法是孙思邈对医疗科学的一个重要贡献。

孙思邈是个老寿星，他活了101岁。100岁时尚能看书写字。他去世后，人们为他立了祠庙。他隐居过的五台山（不是山西的五台山）命名为“药王山”，并修了药王庙。庙后的太玄洞是他隐居之所，洞边有宋代人竖立的“千金宝要碑”，碑上刻着孙思邈的一部分药方。

孙思邈是位医德高尚、医术高明的医学家，他对民间百姓的疾苦极为关心，并设法解除它。千年以来，人们仍在怀念他，称颂他。

域 外 篇

古希腊文化的传播和保存

古希腊文化是人类的珍贵财富，时至今日它仍然对世界文明的发展发挥着重要作用。对于希腊文化的保存和传播，有三个地区曾经起着重要的作用。这就是罗马、拜占庭和阿拉伯。

罗马统治时期，出现了这种现象：文化较高的被征服民族，成为征服者精神上的征服者。罗马人喜欢编纂百科全书，这些著作最大限度地容纳了希腊人的知识，其中有不少是自然科学的问题。

罗马学者博埃修斯为了向欧洲人全面介绍古代希腊的科学和文化成就，大力从事翻译工作。虽然他未能实现将柏拉图和亚里士多德所有的著作都译成拉丁文的计划，但是他完成了亚里士多德有关逻辑、数学、天文学和音乐的著作的出版，这使欧洲人了解到希腊科学的基础。另一位罗马学者卡西奥多拉斯在修道院内建立了动植物园，开创了修道士进行科学研究的先河。

拜占庭帝国不像西罗马那样屡遭灾难。在被土耳其征服之前，它保持着希腊科学中心的地位。约6世纪初，欧托西乌斯对阿基米德的《论球体和圆柱体》、《圆的测量》和《论平面的平衡》以及阿波罗尼乌斯的《论锥体》等四部著作作了注释。圣索菲亚大教堂的建筑师特雷里斯的安特米奥斯和米利都的伊希多洛斯在拜占庭建立了一所学校，专门研究数学。这些数学家有效地将这些数学名著保存和传播开去。由于拜占庭学者的努力，差不多把阿基米德的著作都搜集到了君士坦丁堡，并最终传到了西欧。

对保存和传播希腊文化起到最重要作用的是阿拉伯人。阿拉伯帝国和伊斯兰教的奠基人穆罕默德（被称为“真主的使者”）在7世纪统一了阿拉伯。他的后继者们还四处征战，扩张势力，扩大版图，传播宗教。到8世纪中叶建立了一个东起印度河、西临大西洋、北自黑海、南到尼罗河流域，横跨欧亚非三大洲的庞大帝国。

在征战过程中，阿拉伯人接触到希腊文化、印度文化和波斯文化，并在自己固有的文化基础上创造出一种崭新的文化——阿拉伯—伊斯兰文化。

8世纪中叶，阿拔斯王朝建立后，军事扩张基本结束。文化较为落后的阿拉伯人开始网罗各种人才，并组织人员对希腊、波斯和印度的典籍进行翻译和研究。9世纪初，阿拉伯人到拜占庭曾要求拜占庭皇帝代为搜求古典抄本，并鼓励穆斯林们也到四方搜求。而搜求来的古本集中到巴格达的一所专门建造的“智慧之宫”。这是一所专门的翻译和研究机构。最初，他们的翻译是集中在医学和物理学的著作方面，后来又转而翻译了天文学、数学和哲学的著作。到9世纪末，流传下来的希腊的主要哲学著作和技术文献大部分已被阿拉伯人所吸收，并成为阿拉伯—伊斯兰文化的一部分。

在科学研究中，阿拉伯人也非常重视印度的数学，特别是印度人两项最重要的成就：印度数字符号系统和正弦的定义。

阿拉伯人保存和吸收了希腊等国家的知识，并且比罗马和拜占庭所做的要多得多。他们也对科学技术的发展作出了自己的贡献。

到12世纪和13世纪，基督教也开始吸收阿拉伯有用的知识。希腊文化又通过西班牙传向欧洲，加快了欧洲文明的进程，并且成了欧洲的传统文化。

圣索菲亚大教堂

公元4世纪末，罗马帝国分裂为两个帝国：一个是以意大利罗马为中心的西罗马帝国；另一个是以土耳其君士坦丁堡（今伊斯坦布尔城）为中心的东罗马帝国。后者也称为“拜占庭帝国”，存在于4世纪～15世纪，在5世纪～6世纪期间，它形成一个强大的帝国，处于帝国的鼎盛时期。东罗马帝国同西罗马帝国的不同之处是后者信奉天主教，而前者则信奉东正教[①]。

在拜占庭的首都，有一座辉煌的建筑，它建于532年～537年间，设计者是希腊的两名著名建筑师。他们是特雷里斯的安特米奥斯和米利都的伊希多洛斯。这座教堂是东正教的中心教堂。由于它靠海，驶近君士坦丁堡的海岸时，远远就能望见大教堂。

东正教不像天主教那样重视圣坛的神秘性，更强调教徒之间的亲密关系。因此，它同天主教的建筑有较大区别，这主要表现在建筑的结构、形制和艺术手法上。东正教的教堂常常采用穹（qióng）顶结构和集中形制。圣索菲亚大教堂集中了拜占庭时期民族的智慧和艺术的精华，它是拜占庭建筑的代表。

圣索菲亚大教堂的东西长77米，南北长近72米。由于它采用圆形穹顶结构，教堂的正中是直径32米、高15米的穹顶，而且整个穹顶的

① 东正教和天主教都是基督教，由于对教义的解释不同，而分为两大教派。

压力分散得很好、很合理。这说明设计者对建筑结构和受力情况有了一定的认识。只是由于施工质量太差，穹顶不得不作一定的改建。

教堂内部空间处理得非常得当。中央穹顶同南北两侧明确分开，但是同东西两侧是统一的。东西两侧的半穹顶逐个缩小，这增加了渐渐扩大的空间层次感；同时也表现出较强的向心性，增强了中央穹顶的集中和主导地位。南北两侧的空间是通过柱廊连接和划分空间的。由于层次的增多，而使空间具有漫无际涯、又略带少许神秘感的幻象。

由于中央弯顶有 40 条肋，从结构上看，它们构成了中央弯顶；另一方面，在肋与肋之间留出了窗洞，窗子总数达到 40 个。这些窗子射进的阳光是室内照明的唯一光源。通常，室内大部分空间笼罩着幽暗并且略带昏冥的气氛，这里的光明使穹顶仿若飘浮向上而不凭借任何支撑。

南北的楼层分为两层，每层的柱列高度依次向上降低，这也使人们从心理上产生了一种室内高度略显夸张的效应。

大教堂的室内色彩产生了极其绚烂的效果。墙体一概用大理石贴面，用黑、白、红、绿的颜色来组成图案。柱子多数为绿色，也有少量的柱子的柱头全用白色大理石，而且镶有金箔。室内的装饰重点在穹顶和拱顶，它们全镶嵌（qiàn）彩色玻璃。玻璃衬以金色（少量衬以蓝色），加上彩色大理石的墙面，与外部朴素的表面形式形成鲜明的对比。

柱子在柱头、柱身和柱基的交角处都加上一匝包金的铜箍（gū）。它们同时满足装饰上和结构上的需要。

教堂内的装饰效果产生了适当的虚实、明暗变化，使它显得极其富丽堂皇。它那斑斓的色彩，使人好像是在欣赏一幅生动自然的画卷。当那些善男信女来此礼拜之时，仿佛可以直接接受上帝的恩惠，与上帝更为接近。

圣索菲亚大教堂的这些特点不仅构成了自己的建筑风格和艺术特色，而且对后世也产生了一定的影响。特别是对于欧洲纪念性建筑来说，大教堂可以看作是它们的先导。

这座教堂后来被土耳其人改作清真寺，在四角建造了高高的尖塔，使它的外观得到一定的改善。

印度的数学成就

在古希腊数学衰落之后，东方的数学获得了长足的进展，数学研究的中心也转移到印度、中国、中亚细亚和阿拉伯国家。

印度的数学是“混合型”的。他们向希腊人学习几何学，向巴比伦人学习代数学，并借鉴了中国人的数学成果。通过学习，他们也形成了自己的特色。

一般地说，希腊数学的后继者是印度人。大约在公元前 3 世纪，印

度采用了十进位制，并使用了数的符号，典型的婆罗门式记号是只是这时尚没有零的记号。现在的“阿拉伯数字”正是来源于此。

印度人进行计算时，要在白板上撒上一层红砂土，用一根小木棍作为书写的工具。印度人的计算方法是较为先进的，计算的速度也比较快。

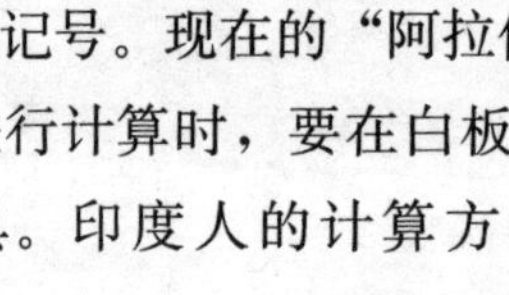

十字相乘法

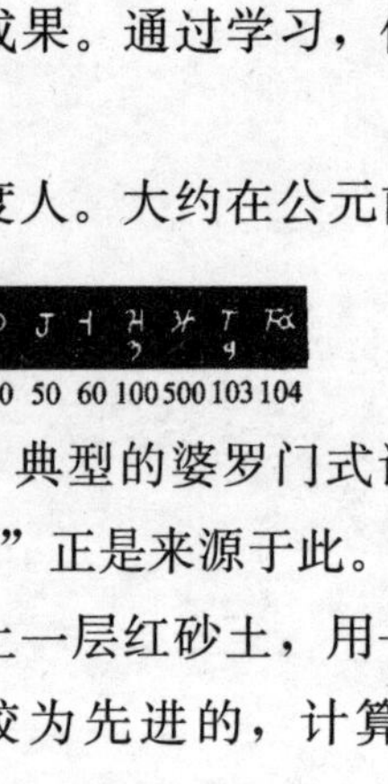

方格乘法

印度人计算方法的长处在乘法运算上，显得颇为机智，例如“十字相乘法”（印度人自己称做“闪电似的乘法”）。由上图可以看出，所谓“十字相乘”就是按图中所提示的连线来运算（325×478＝155350）。

又如“方格乘法”。你可以仔细地察看，是不难发现其中的奥秘的。

5 世纪时，印度数学家阿利耶毗（pí）陀曾著书研究一次不定方程的问题。7 世纪时，婆罗摩笈（jí）多研究定方程和不定方程，并给出了方程

$ax \pm by = c$（a、b、c 为整数）

的一般解。

印度学者求解一次方程和算术题的方法是“反求法”。阿利耶毗陀曾讲述过这种方法：“乘法变为除法，除法变成乘法。利润转化为亏损，亏损转化为利润。这就是反求法。”12 世纪时的婆什迦罗对此加以举例说明，“有一个数乘以 3，然后增加这个积的$\frac{3}{4}$，除以 7，减去商的$\frac{1}{3}$，自乘，减去 52，开方后加 8，除以 10 得出的数为 2。问原来的数是多少?”运算过程是：

$2 \times 10 = 20$，$20 - 8 = 12$，$12^2 = 144$，

$144 + 52 = 196$；$\sqrt{196} = 14$，$14 \times \frac{3}{2} = 21$

$21 \times 7 = 147$，$147 \times \frac{4}{7} = 84$，$84 \div 3 = 28$

此外，解方程的方法还有“假定法”。例如“把 264 个货币单位分成 4 份，要使第二份比第一份大 2 倍，第三份比第二份大 3 倍，第四份比第三份大 4 倍”。求解的结果是这样的：假定第一份是任意的，如果取它为 2，那么第二份为 4，第三份为 12，第四份为 48，总和为 66。再根据题设为 264 个货币单位，可以知道 264÷66＝4。由此可知未知数第一份为 8（2×4）。

印度学者已经知道二次方程有两个解。例如，婆什迦罗在解 $x^2 - 45x$

$=250$ 时，得到 $x=50$ 和 -5。他还补充到，-5 是不合适的。不过，婆什迦罗在论述负数时，认为负数的平方总是存在的，负数的平方根是不存在的。

印度人的三角函数有三种量：正弦 ainα、余弦 cosα 和正矢 $1-\cos\alpha$。他们已经知道某些三角量的关系，例如 $\sin^2\alpha+\cos^2\alpha=r^2$，$\cos(90°-\alpha)=\sin\alpha$，等等。由此可以计算一些值。假定三角形外接圆半径为 3438，那么 $\sin45°=\sqrt{\frac{r^2}{2}}=2431$，$\sin60°=\cos(90°-60°)=\frac{\sqrt{3r^2}}{2}=2978$。

在计算三角问题时，印度人总是把它与直角三角形相关联，就是斜三角形分解为直角三角形来求解。

印度人的祭坛常用三种形状：方、圆和半圆。但是，无论选用何种形状，祭坛的面积必须相等。这样，印度学者就要研究 $S_{\square}=S_{\odot}$ 或 $S=\frac{1}{2}S_{\odot}$ 的问题。

此外，还有等腰梯形的研究。在设计祭坛形状时，印度学者要用到勾股定理。他们的叙述是这样的：矩形对角线生成的面积等于矩形两边各自生成的两块面积之和。印度人的几何问题都是经验性的，并未加以证明。

由此可见，印度人的三角学和代数学研究是高水平的，而几何学研究水平是不能与前二者相比。

唐招提寺

研究建筑史的专家认为，日本和中国的建筑相比，中国建筑雄伟壮丽，气象万千；日本建筑则洗练简约，优雅洒脱。

日本建筑中最具特色的是他们的神社建筑。这是供奉神灵的地方，便于人们朝拜。保存至今的著名神社有伊势神宫、北野神社和严岛神社等。神社建筑也受到中国建筑的影响，但是，总的来说，它还是保持着它那古老的形制。

日本佛教是从中国经朝鲜传过去的。6 世纪～7 世纪先后有朝鲜和中

日本孝谦天皇为唐招提寺题额

国的工匠到达日本，帮助建造寺庙。中国建筑对日本建筑影响最大的是佛寺建筑。它的代表是法隆寺和招提寺等，

8世纪，日本首都建在奈良市，当时叫做平城京。由于日本与唐朝保持着良好的关系，日本人派遣了大批留学僧人来华学习佛教理论。此外，他们还聘请了一些中国僧人去日本传教，其中最著名的就是鉴真东渡。

鉴真一行来到平城京后，日本天皇为他们修建了著名的庙宇——唐招提寺，并且由鉴真奠基、弟子如宝负责建造工程。当时完成的建筑物包括金堂（大殿）、讲堂、东塔等，建筑群完全反映着唐代建筑的风格。金堂的结构和形制与中国唐代五台山的佛光寺大殿有许多的相似之处。

唐招提寺的金堂面阔7间，进深4间，面积约470多平方米。正面的开间由中间向两侧递减，借此来略微地显示出主次的关系。殿身是以朱、白二色为主：木构件刷红色的丹土，墙面是白色的。殿内立的柱和横梁绘有佛像和宝相花，斗拱和天花板上也有彩饰；只是由于年代太久了，它们已有许多剥落之处，显得有些黯淡无光。

唐招提寺显示着中国唐代建筑的风格。它吸取了唐代建筑技术的最新成就。整个寺院布局和谐，结构精巧，气势雄浑，雍（yōng）容大方，显得极为飘洒平和。当时的孝谦天皇欣然为该寺亲题寺名。

日本奈良唐招提寺金堂

由于日本佛院多为朝鲜和中国的工匠建造的，它们的建筑水平较当时日本建筑水平要高得多。后来，日本工匠建造寺院基本上是在模仿。但是，随着经济的发展，日本的科学技术和文化得到了发展，它的建筑水平也相应得到了提高，并且形成了日本寺院自己的特色。这样，在日本的佛教建筑形成了三种样式，这就是“和式”（日本式）、“唐式”（禅宗式）、“天竺式”（大佛寺），此外还有“折中式”。这里的“唐式”主要体现着中国唐代建筑的风格。

唐招提寺不仅是中日科技与文化友好交流的象征，而且在今天的奈良市仍是最大和最美的一个建筑群。

阿尔－花剌子模

大约在 9 世纪～11 世纪，阿拉伯帝国衰微了，突厥人在中亚强盛起来。这时中亚建立了萨珊王朝（874 年～999 年），伊朗东北部的花剌（lá）子模成为中亚的文化中心。这一期间，出现了一位杰出的数学家和天文学家，这就是穆罕默德·伊本·穆斯·阿尔－花剌子模（意思是花剌子模人、穆斯之子，名叫穆罕默德）。

阿尔－花剌子模出生于花剌子模城（黑瓦）。他作为著名数学家被哈里发阿尔－马门邀请而到巴格达居住。阿尔－花剌子模完成的第一部作品是三角函数表。在这个表的制作过程中，他检验并且利用了古希腊科学家托勒密和印度人的成果，最后统一成为自己的新表。

阿尔－花剌子模的《代数》是数学史上的一本名著，曾被译作拉丁文。直到 16 世纪，它仍是欧洲各大学的主要教科书。在书中，阿尔－花剌子模认为，科学应为人类服务，要使它实用化。因此，在书中他专设一章来解决商业上的实际问题。

阿尔－花剌子模的著作主要是解决方程的问题，“代数”（algebra）一词就来源于阿尔－花剌子模的拉丁文名字“AL－Khowarizmi”，其原意就是印度读数法，后来演变为系统的计算序列。

阿尔－花剌子模的著作中给出了一次方程和二次方程的解法，但是对于后者没有给出一般的解法，而是通过 6 种不同的类型来分别给出特殊的解法。这 6 种不同的类型大致可以表示为：

$x^2=2x$ (1)

$x^2=36$ (2)

$5x=10$ (3)

$x^2+7x=128$ (4)

$x^2+21=10x$ (5)

$12x+288=x^2$ (6)

当然，其中的（3）式并不是二次方程。阿尔－花剌子模解这些方程是采用分析和几何相结合的方法。

例1用几何方法求解 $x^2+10x=39$。

阿尔－花剌子模先画出一个边长为 $x+5$ 的正方形；再从中分割出四个边长为$\frac{5}{2}$的正方形（在四个角上）；中间是边长为 x 的正方形；另外还有四个面积为$\frac{5}{2}\times x$ 的长方形（如图所示）。

阿尔－花剌子模的解法是：

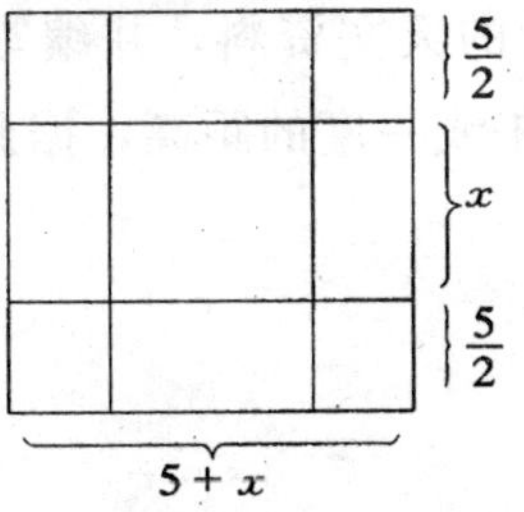

大正方形面积为

$(x+5)^2=x^2+10x+25$。

又因为 $x^2+10x=39$，

所以，大正方形的面积为 $39+25=64$，

边长为 $\sqrt{64}=8$（取算术根）。

从而得到 $x=8-5=3$。

显然，阿尔－花剌子模忽略了另一个根-13。

例 2　用分析方法求解　$x^2+21=10x$。

阿尔－花剌子模先把一次项系数二等分，得到 5；把它自乘得到 25。再用 25 减去 21，得到 4；把它开平方得到 2。最后，求出

$$5\pm2=\begin{cases}7,\\3。\end{cases}$$

得到了两个根。这是首项系数为 1（a=1）的数值解法，就是

$$x=\frac{b}{2}\pm\sqrt{(\frac{b}{2})^2-c}$$

$$=\frac{10}{2}\pm\sqrt{(\frac{10}{2})^2-21}。$$

从阿尔－花剌子模的这部著作中，欧洲人了解到印度计数法和记数法。但是由于这是一部阿拉伯的著作，因此，当时欧洲人乃至今天的全世界都称这套数字为“阿拉伯数字”。在此之前，欧洲人都使用“罗马数字”。

阿尔－花剌子模还是一位著名的天文学家。他自行设计和制作过天文仪器，积累了许多宝贵的天文资料，并编写了世界上最早的《天文表》。他还测定过地球子午线一度的距离，据此他推算了地球的周长和体积。

尾　　篇

大约在中国进入南北朝之后的半个世纪，在奴隶和隶农不断起义及帝国境外蛮族的相继入侵下，西罗马帝国的最后一个皇帝罗慕洛·奥古斯都被日耳曼雇佣兵首领奥多亚克废黜。西罗马帝国的灭亡标志着西欧奴隶制社会历史的基本结束，进而使日耳曼人解体的公社制因素与罗马内部萌芽的封建因素结合起来，逐渐地演变为西欧中古时代的封建制度。

当罗马帝国发生危机时，法兰克人渡过莱茵河，定居在高卢。西罗马帝国灭亡后，法兰克人趁机消灭了帝国的残余势力，并建立了法兰克王国。随着法兰克人的不断扩张，人民的负担不断加重，许多大贵族各自为政。7世纪末，丕平建立了统治。后来，其子马特和其孙矮子丕平建立了加洛林王朝，并为新帝国奠定了基础。矮子丕平之子查理一生征战，帝国的疆域不断扩大。同时，利用基督教的势力建立起庞大的查理曼帝国。到9世纪中叶，查理的3个孙子签署了《瓦尔登公约》，将帝国一分为三。

西罗马帝国灭亡时，东罗马帝国（也称拜占庭帝国）依然存在。4世纪末，罗马帝国一分为二。东罗马的首都在君士坦丁堡，这里是帝国的工商业中心。东罗马通过海路和陆路与波斯、阿拉伯、印度和中国进行贸易，不仅为贵族提供了各种奢侈品，而且为帝国聚敛了巨额税收。7世纪，由于阿拉伯人的兴起，东罗马帝国的领土不断缩小。这样，东罗马基本上是一个以希腊语为主的小国家。

由于拜占庭位于欧亚非交汇之处，各种文化在此汇集。这样，拜占庭文化综合了希腊罗马文化、基督教文化和东方文化，它不仅是古典文化的宝库，而且从古典向中世纪文化过渡时形成了独特的风格，甚至对欧洲文化复兴也产生了重要的影响。

中国古人称拜占庭帝国为“大秦”。“大秦”从中国人手中得到蚕子，并掌握了养蚕和缫丝的方法。在唐代，拜占庭向中国5次派遣使节。中国的丝绸、瓷器和茶叶等商品运到拜占庭，并转运至欧洲。同时，拜占庭也将琉璃、珊瑚、水银、呢绒以及世界各地商品转运给中国人。

就中世纪的欧洲来看，文化的发展主要为教会垄断。教会把《圣经》看作是全部知识的来源，并且否定科学研究的意义。“圣人”奥古斯丁（345年～430年）制定了一个著名的原则，即“从《圣经》以外获得的任何知识，如果它是有害的，理应加以排斥；如果它是有益的，那它是会包含在《圣经》里的”。这种观点在早期基督教发展中就有类似的阐述，如神学家捷尔图连（约150年～222年）曾说：“在基督之后，我们不需要任何求知欲，不需要作任何研究。”他把亚里士多德视作异端思想家，并对亚里士多德进行批判。这样，科学就成了无用的东西，人们获取“自然知识”只能是研究《圣经》。此外，在中世纪前期的欧洲，手工业未从农业中分化出来，农业的发展带动着手工业的发展，但进步是较为缓慢的。

阿拉伯位于亚非接壤和印度洋与地中海之间，自古为欧亚非的强国必争之地。7世纪初，穆罕默德创立伊斯兰教，借助宗教势力，基本上统一了阿拉伯半岛。此后，阿拉伯人继续进行扩张，向西直到西班牙，在向东扩张时，与唐朝高仙之相遇，结果击败了唐军，但阿拉伯人的扩张势力也得到了遏制。到8世纪前期，阿拉伯人建立了横跨欧亚非的庞大帝国。帝国中心是叙利亚，定都于大马士革，我国历史上称“大食”。由于王朝的更迭，先后出现“东大食”（黑衣大食）、“西大食”（白衣大食）和“南大食”（绿衣大食）等王朝。

8世纪～9世纪，阿拉伯达到鼎盛时期，农业、手工业和商业得到迅速的发展。由于特殊的地理位置，阿拉伯人积极从事国际贸易。中国的一些对外通商港口城市都有大量阿拉伯商人前来作贸易。7世纪中叶，伊斯兰教也输入中国，到今天也是中国影响较大的宗教之一。这一时期，中国的造纸术就是通过阿拉伯人传向西方各国的。

由于阿拉伯所征服的埃及、印度和两河流域地区都是科学与文化的发源地，因此，在他们征服这些地区之后，他们反而被这些地区的科学文化所征服。尽管一开始他们对被征服者的科学和文化是不屑一顾的，最典型的是征服拜占庭的亚力山大里亚城的奥马曾下令焚烧图书，他的理由是：“这些书的内容或者是《可兰经》里已有的，那样的话，我们不需要去读它们；或者它们的内容是违反《可兰经》的，那样的话，我们不该去读它们。”但总的来说，伊斯兰教对于异族和异族文化是较为宽容的，甚至鼓励学者翻译和研究古希腊和印度的科学文化典籍，允许异族学者同阿拉伯人一起从事研究工作。在巴格达建立起学院、图书馆和天文台，为学者的研究和学术交流创造了有利的条件。

阿拉伯的科学文化体系是综合的，它主要通过吸收中国、印度和古希腊的科学和文化来丰富自己的内涵。因此，阿拉伯的科学文化体系是东西方科学文化的大融合。特别是在欧洲中世纪的黑暗时期，阿拉伯不仅在新征服地区收集了许多古希腊典籍，并且从拜占庭收买了大量古希腊典籍。阿拉伯的阿拔斯王朝哈里发麦蒙（813 年～833 年执政）于 830 年在巴格达创建“智慧之宫”，组织人力将这些典籍翻译成阿拉伯文。例如，欧几里得的《几何原本》、托勒密的《天文学大成》以及亚里士多德、阿基米德、希波克拉底、盖仑等人的著作。这些经典著作至今仍为学术界所珍视，而人类得以拥有它们是阿拉伯人的功绩。

阿拉伯人也对中国的科学文化进行了大量的吸收，除了造纸术之外，中国的医学成就在伊本·森纳（拉丁文名字叫阿维森纳，980 年～1037 年）的《医典》中也有所体现。此书后被译成拉丁文和多种欧洲文字，在欧洲广为传播。阿拉伯的炼金术与中国的炼丹术有许多相似之处，并以亚里士多德的“四元素说”为指导。它对欧洲的影响极大，形成了欧洲的炼金术，并为近代化学的产生提供了有益的条件。

从南北朝到五代，历经宋、齐、梁、陈与北魏、东魏、西魏、北齐、北周，隋唐和五代十国，历时 540 年，其中近 200 年的时间是国家处于南北对峙的分裂局面。

南北朝时期，由于北方战乱不已，南方相对比较安定，北方大量人口（估计占15%左右）迁徙并拥入南方，这为开发南方提供了充足的劳动力和农业与手工业的先进技术。同时，北方少数民族进入中原地区，也为中华民族注入了新鲜的血液。

在北方的发展过程中，北魏道武帝和孝文帝先后进行改革，大大促进了经济的发展和不同民族在文化上的融合。后来，北周武帝也进行了一系列的改革，并重新统一了北方，进而为统一全国奠定了基础。

在南方的发展过程中，北方农业和手工业技术的引进，使农业和手工业获得极大的发展，稻产量逐渐超过了北方。钢铁的冶炼和锻造技术水平大大提高，使兵器和农具的产量大为提高。造纸、造船、制瓷和缫丝技术也获得了极大的进步。南北朝的科学技术取得了重大的发展，出现了一大批在中国科技史上占有重要地位的科学家。他们的成就不仅使春秋战国和秦汉所形成的科学技术体系得到充实和提高，而且也为隋唐的进一步发展奠定了基础。

隋唐时期是中国封建社会的盛世。由于社会较为安定，国家有计划地进行大规模建设，如开凿大运河、建设长安城和洛阳城。科技发展也得到国家的支持，当时不但兴办一些带有算学和医学科目的教育，而且编纂权威药典《新修本草》和进行大规模的天文测量的活动，大大促进了科技的发展。

从南北朝到隋唐时期，中国与外国的科学文化交流十分繁荣。这种交流不仅使双方彼此受惠，而且也大大促进了世界科学技术的发展，大大加速了世界文明的进程。